不可思議的基因機密檔案

科普作家
島田祥輔

序

認識基因能幫助你認識自己

2019年底突然出現的新型冠狀病毒（COVID-19）大大改變了人類的生活型態，新聞中也冒出了PCR篩檢、mRNA疫苗等陌生的詞彙。

另一方面，2021年9月市面上出現了富含抑制血壓上升成分的番茄，這種番茄是藉由基因組編輯的方式栽種出來的。

PCR、mRNA、基因組這些詞彙，全都與「基因」有關。換句話說，認識基因相關知識，能幫助你更加了解目前發生的新聞。或許有些人直到最近才第一次聽到這些詞彙，但其實現在的高中生在課堂上就會學到mRNA及基因組等知識，也就是教育政策希望學生在高中時就能建立基因相關詞彙及機制的概念。

了解基因相關知識還有另一項好處，那就是「很有趣」。在大學四年及研究所兩年的求學過程中，有三年時間我進行的是魚類心臟形成時相關的基因研究。即使同樣是基因，也分為許多種類，扮演各種不同的角色。每種基因正常發揮作用，才能打造出生物的身體。換句話說，認識基因也就是認識自己。所謂的「自己」，不單只是身體，「快樂」、「悲傷」或「喜歡」等情緒也與基因有關。「因為有基因，所以我們才會擁有如此豐富的情緒」

這個事實，或許會改變你對基因的看法。

這本書集結了各種與基因相關，而且貼近日常生活的主題。但老實説，人類對基因的研究其實還在起步階段，每天都有新的研究成果發表，改變我們對基因的認知。我們活在基因研究最先進的時代，擁有對基因研究感到興奮、期待的特權。而且基因也能應用在醫療及科技領域，因此這不僅是「了解」基因的時代，同時也是「運用」基因的時代。希望這本書能帶來刺激有趣的閱讀體驗，讓你重新認識「原來基因還有這些作用！」

科普作家

島田祥輔

CONTENTS

第1部 認識不可思議的基因

第2部

破解基因之謎

從基因窺探心靈的奧祕

透過基因認識神奇的人體

基因與人生

基因與疾病

透過基因認識食物的奧祕

透過基因認識生命的奧祕

本書特色與閱讀方式

本書從「基因」的觀點出發，以淺顯易懂的方式針對與人類身體、心靈、疾病、飲食等相關的神奇現象進行解說，幫助你活出更精彩充實的人生，還能順便補充五花八門的冷知識。

第1部 認識不可思議的基因

說明「基因究竟是什麼」並講解基因的作用，讓你更容易理解第2部的內容。

第2部 破解基因之謎

從「心靈」、「身體」、「人生」、「疾病」、「飲食」、「生命」這六大主題講解基因的奧祕。

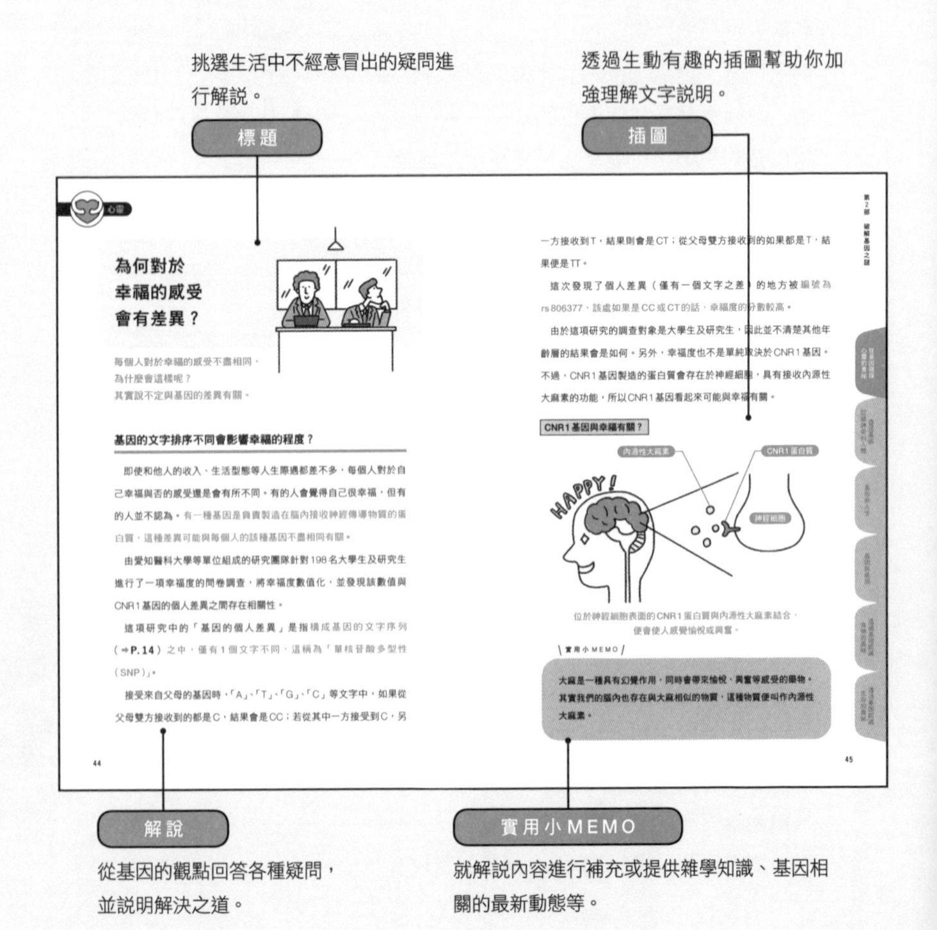

從基因的觀點回答各種疑問，並說明解決之道。

就解說內容進行補充或提供雜學知識、基因相關的最新動態等。

“第1部”

認識不可思議的基因

基因是打造出我們的身體不可或缺的資料。不僅人類，地球上所有生物都有基因。接下來將先帶你認識基因的作用與機制。

基因能讓你了解自己與身處的世界

你有聽過「自私的基因」這個詞嗎？這是英國的演化生物學家、動物行為學家理查・道金斯在其1976年出版的著作《自私的基因（The Selfish Gene）》中提出的概念。道金斯大膽認為，所有生物都只是基因達成「繁衍」這個目的的機器。如果講得聳動一點，對基因而言，我們的身體不過是「用過即丟的機器」。

我們的身體是否真的只是一具機器，看法或許因人而異。但若少了基因，我們便無法存活也是不爭的事實。不僅我們的心臟、腦、骨骼、肌肉是由基因建構出來的，就連消化食物所需的酵素、賦予頭髮顏色的色素、感受氣味的感測器等，帶給我們活力、讓我們得以感受喜怒哀樂等各種情緒的身體各部位，也都是因為基因才存在的。

生命在地球上的歷史，就等於基因的歷史。面對無時無刻不斷變化的地球環境，生命製造出了各式各樣的基因，希望透過不斷的嘗試盡可能提高生存率，我們人類就是其中一個里程碑（但並不是終點，未來肯定還會演化出其他生物）。想要了解人類、了解自己的話，最好的方法就是認識基因。

而且，除了你自己，其他人身上一樣也帶著基因。近來的研究漸漸發現，基因其實也會影響人際關係。煩惱人生或人際關係的人若是了解基因，或許就能以比較冷靜的觀點思考，知道自己的煩惱其實是基因作祟所造成的，進而建立積極的心態，思考自己該如何克服眼前的煩惱，才能擺脫基因的控制。因此我認為，基因肯定值得我們去認識。

理查・道金斯在《自私的基因》中曾提到，「地球上只有我們能夠反抗自私的自我複製者（作者註：也就是基因）的專制統治。」即便我們只是機器，藉由強大的意志，也還是有機會超越基因的影響，走出自己的人生。想要做到這一點，我們就得先了解存在於自己體內的基因。

認識基因的機制

什麼是基因？

我們的身體是根據名為「基因」的資料打造出來的

相信每個人應該都聽過「基因」這個詞，有些歌的歌詞裡也看得到「基因」或「DNA」之類的字眼。另外甚至不乏公司行號使用「本公司秉持著傳承超過百年的基因……」等語句強調自身的優良傳統。

但是話說回來，「基因」究竟是什麼？大家不妨把基因想成打造每個人的身體所需的「資料」。

舉例來說，我們的手機裡雖然存了許多照片，但存的並不是一張一張沖洗好或印出來的照片，存在手機裡的只是顯示照片所需要的資料，手機是根據這些資料將照片顯示在螢幕上。

同樣地，我們每一個人的身體，甚至是所有生物的身體都是根據名為基因的資料打造出來的。

身體做出動作所需的肌肉、分解食物的消化酵素、感受花香的嗅覺、透過血液將氧氣送往全身的紅血球中所含之血紅素、賦予皮膚彈性的膠原蛋白等，這些全都是蛋白質所構成。製造出這些人體中的

「蛋白質」所需的資料便是基因，可以說每一種蛋白質都有其對應的來源基因。根據推估，人類約有2萬種基因。

基因的產物

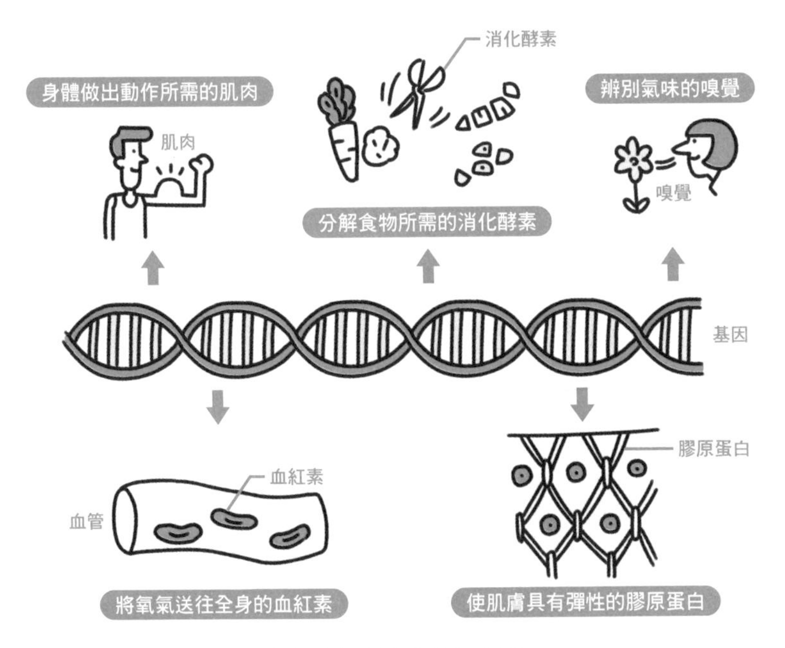

這些全都是體內的蛋白質。
基因寫有每種蛋白質的來源資料。

總結

1 基因是打造身體所需的資料。

2 蛋白質是以基因為基礎製造出來的。

3 人類的基因約有2萬種。

認識基因的機制

基因和DNA 有何不同？

DNA可以想像成製造基因所需的「墨水」

通常講到基因時，「DNA」也一定會跟著出現。許多文案在講述「傳承」的時候很喜歡使用這兩個詞，但基因和DNA是一樣的東西嗎？現在就藉這個機會將兩者的差別說明清楚。

前面曾將基因比喻為手機裡的資料（➡**P.12**），這邊則換一種舉例方式，請大家想像有一本做菜用的食譜。食譜裡記載了做菜所需的食材以及調理步驟等，而基因就相當於做菜要準備的食材。食譜裡如果記載了馬鈴薯，那便需要「馬鈴薯」這項食材。至於DNA則可以想像成書寫文字用的墨水。墨水雖然是有實體的物質，但光只有墨水是產生不出東西的。要正確書寫成能夠閱讀的文字，才會得到有意義的詞彙。

DNA的全名是「去氧核醣核酸」，在許多圖片中都可以看到，DNA呈現雙股螺旋結構。此結構中最重要的，是位在螺旋內側的「**A**」、「**T**」、「**G**」、「**C**」四個字母，分別代表腺嘌呤（Adenine）、胸腺嘧啶

（Thymine）、鳥糞嘌呤（Guanine）、胞嘧啶（Cytosine）。這4種物質稱為「鹼基」，相當於食譜裡面的文字。日文的平假名有50個，英文字母有26個，基因則是只靠四個字母組成詞彙。以人類的「食譜」來說，裡面的文字多達30億個，遠比我們平時看的食譜複雜。

基因與DNA的不同

成品	必要資訊（文字）	寫出文字的原料
料理	馬鈴薯 紅蘿蔔 食材名稱	墨水
生物	基因 ● Nkx2.5基因（心臟） ● 肌動蛋白基因（肌肉）	DNA ATC TAG CAGT GTAA TGGC ACCG

以食譜比喻的話，基因就像食材的名稱，DNA則是書寫文字用的墨水。

1 基因就像食譜裡記載的食材名稱。

2 DNA相當於書寫文字用的墨水。

3 人類的「食譜」約由30億個文字寫成。

認識基因的機制

如何用基因打造人體

生命以基因為基礎製造蛋白質，進而建構出身體

前面以食譜為例，說明了基因與DNA的不同（➡P. 14）。而根據食譜最終製作出來的，就是我們的身體。不只是人類，地球上所有生命的身體都有各自的食譜，裡面用墨水（DNA）寫上了食材名稱（基因）。

但光有食材名稱還是無法做出料理，必須準備食材才行。我們如果看到食譜裡記載了「馬鈴薯」這個詞，就會去準備馬鈴薯。同樣地，如果看到了「紅蘿蔔」、「洋蔥」也會一一去張羅。在調理過程中使用實際準備好的食材，才能做出料理。

生命的身體也一樣，**準備好用來烹調的食材叫作「蛋白質」**。換句話說，就是根據名為馬鈴薯的基因，準備名為馬鈴薯的蛋白質。接下來，**根據不同基因所準備的各種蛋白質集合起來，便打造出了我們的身體**。

話說回來，相信大家去超市採買食材時，不可能帶著整本食譜去吧？大部分的人應該都是把要買的東西寫在紙上或記在手機裡。同樣地，基因也不是直接製造成蛋白質，而是會**複製到與DNA不同文字種類，名為「RNA※」的物質上**。從基因開始打造我們身體的步驟可以整理簡化成「DNA➡RNA➡蛋白質」。

※正確來說是mRNA（信使RNA）

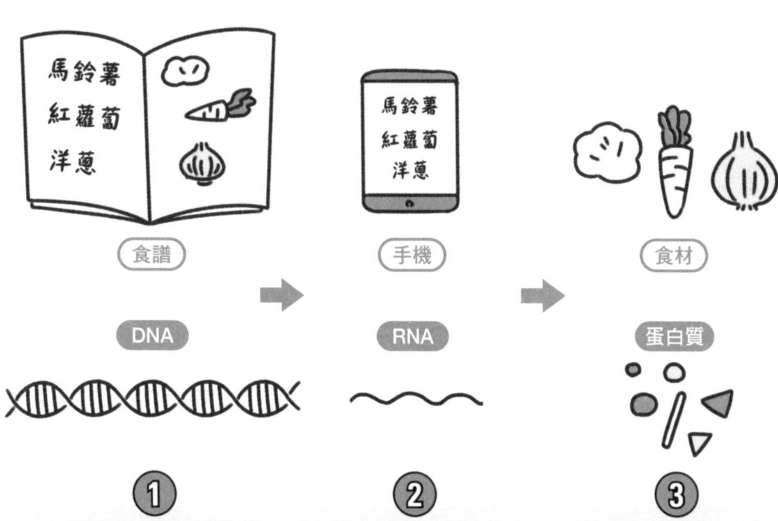

以墨水（DNA）寫出打造身體所需的資訊（基因）。

以墨水寫出的文字（DNA）複製到手機（RNA）中。

根據複製的資訊（RNA）準備製作料理（身體）所需的材料（蛋白質）。

總結

1. 基因相當於食材名稱，蛋白質相當於實際要準備的食材。
2. 我們的身體是蛋白質集結起來打造而成。
3. 蛋白質是根據複製了資訊的RNA製造出來的。

基因組是什麼？

「基因組（genome）」＝「gene（基因）」＋「ome（全部）」

講到關於基因的話題時，「基因組」這個詞也時常與DNA一起出現。近來也常聽到「基因組編輯」的技術有望使用於農業、水產畜牧業的品種改良，或有機會用來治療疾病之類的新聞。之後會針對基因組編輯這個詞做說明，這個單元要先介紹基因組是什麼。

這裡繼續以食譜為例進行說明。前面將基因比喻為食譜中列出的各種食材，DNA比喻為寫出食材名稱所需的墨水。不過，**只用一種食材是無法做出料理的**。絕大多數的料理都需要數種食材相互搭配才做得出來。

同樣的道理，光靠一種基因也無法打造出我們的身體。以人類來說，大約要將2萬種基因集合起來才有辦法獲得打造人體所需的資訊。因此**便有了基因組這個詞，意思是指「一種生物所需要的所有基因」**。

基因組的英文genome，是由基因「gene」與意思為「全部」的字尾「ome」所組成的。植物學家漢斯・溫克勒在1920年首次使用了這個詞，後來普及到包括日本在內全世界各國。

將genome翻譯成中文的話，一般通常譯為「遺傳情報」或「全遺傳情報」，用於表示所有的基因，以及不具備基因的功能（製造RNA與蛋白質），但具有其他作用的DNA。

食譜＝基因組

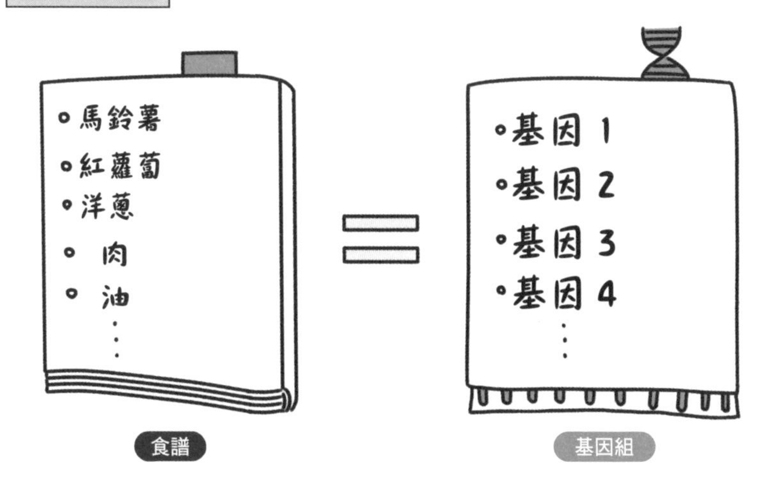

所有建構身體的必要資訊合起來便是基因組。

總結

1. 單獨一個基因無法構成生物。
2. 基因組指的是一種生物所需要的所有基因。
3. 基因組的英文genome是創造出來的單字。

認識基因的機制

基因時常在變化

複製出錯造就了人與人的差異

要打造出人類的身體，必須備齊所有人類所需的基因，這所有的基因就是基因組。

但其實打造身體所需的基因未必是所有人類共通的。例如，日本人和外國人的膚色、眼睛的顏色、體格就不一樣。另外，現在一般認為能不能喝酒、喜歡或討厭香菜其實也與基因有關。換句話說，基因也是因人而異的。

人與人之間基因的差異基本上是來自父母的遺傳，而父母也是從自己的父母那邊遺傳來的……，每一代都是從自己的上一代遺傳而來。那麼，最根本的基因差異究竟是怎麼出現的？

答案是基因複製時的錯誤。我們的身體是由許多細胞組成，並因細胞的分裂、增加而得以成長。每一個細胞內都含有基因，細胞進行分裂時會以接近100％的精準度複製DNA，但仍不免出錯。皮膚或腸細胞即使發生複製錯誤，該細胞之後也會自然死去並被排出，不太會造成嚴重的問題（但發生複製錯誤的地方如果不巧的話，就有可能導致癌症）。但是精子、卵子以及受精卵在形成胎兒身體的過程中若發生基因複製錯誤，**形成胎兒的所有細胞都會發生基因的改變**。這種變化就是造成人與人之間基因存在差異的原因。

基因的複製錯誤造就了差異

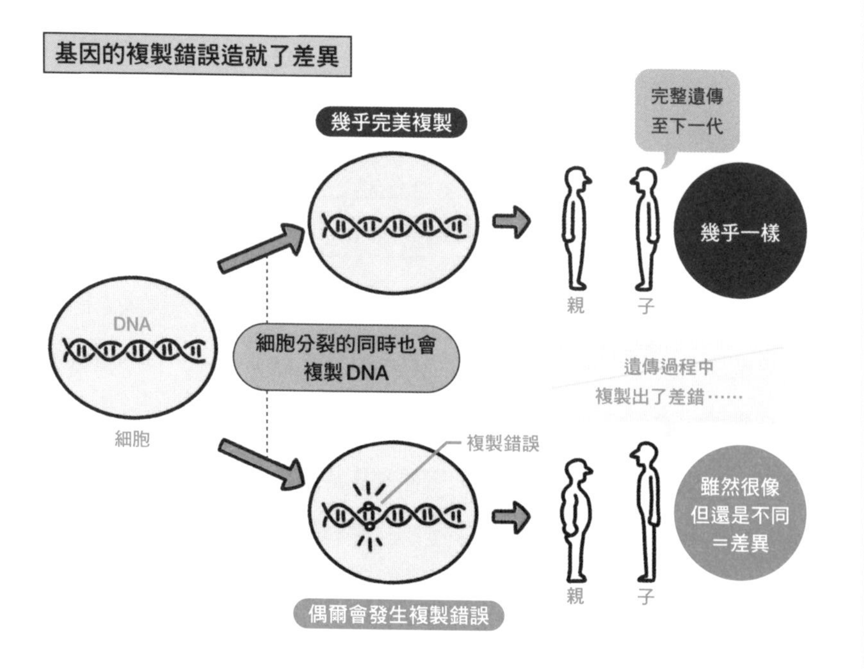

總結

1 每個人的基因並非共通。

2 人與人之間的基因差異是因複製錯誤而來。

3 遠古時的複製錯誤一代代傳到了我們身上。

認識基因的機制

生命因基因突變而演化

沒有基因突變就不會產生多樣性

前一個單元介紹的「基因的複製錯誤」如果只是造成人與人之間的差異倒還無妨，但基因複製出錯也可能導致癌症等疾病。有一種基因是負責控制體內細胞數量適中，不要增加太多。這種基因若發生複製錯誤，細胞就有可能增加過多，這便是癌症。有些癌症具有遺傳性，像是乳癌、大腸癌等，某些人天生就比較容易罹患特定癌症。另外，會使肌力逐漸流失的肌肉萎縮症、對骨骼及心血管造成影響的馬凡氏症候群等許多疾病也都是因為基因突變而產生。看到這裡，或許你會認為「如果沒有基因的複製錯誤，就不會有這些疾病了。」

但是，在生命的歷史洪流中，我們人類之所以能夠誕生，其實也與基因的複製錯誤有關。地球最初誕生的生命，只是單純的單細胞生物。當然，這種細胞也帶有基因，並且會複製以增加數量。如果基因完美複製的話，這種生物就永遠不會出現變化，以相同的樣貌不斷增加。但由於發生了複製錯誤，或是紫外線等因素導致基因產生變化，於是誕生不同種類的生物。除了複製錯誤以外，基因突變的機制還存在各種不同的原理，突變累積起來孕育出了各式各樣的生物並發生演化。地球上目前存在種類多到數不清的生物，而創造出這種多樣性的，正是基因突變。「基因會產生突變」這種性質成為了演化的原動力。

生命因「差異」而演化

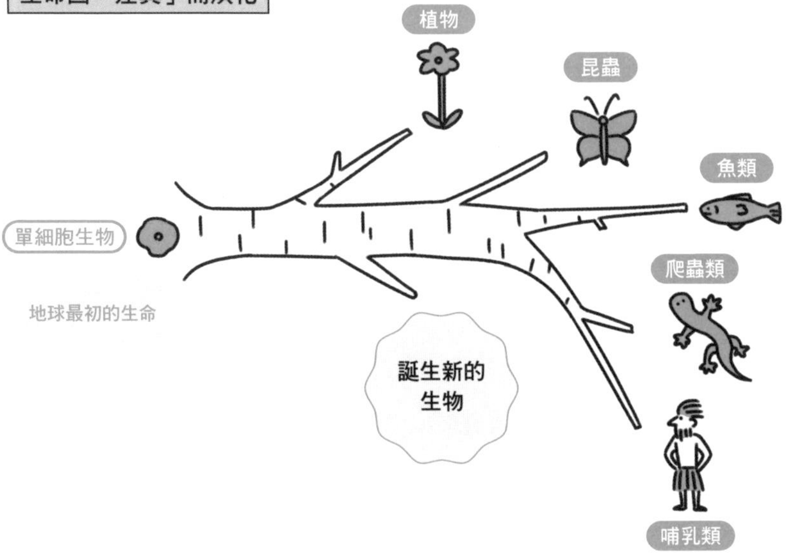

總結

1 基因突變可能會導致疾病。

2 基因原本就存在突變的可能性。

3 因為基因突變，使得生命得以演化。

不可思議的基因

基因起源於外太空？

生命誕生的謎團有各種解釋

地球是在至今約46億年前形成，**一般認為地球最早有生命出現是在超過38億年前**，這種生命誕生於海中，是單憑一個細胞也能存活的微生物。

但目前仍不清楚，最早的生物究竟是如何誕生的。要能稱作生物，必須具備基因、根據基因製造出來的蛋白質等，還要有膜包覆住細胞，但這些現象剛好同時發生、孕育出生物是相當難以想像的事。

有一項關於基因起源的假設十分有意思，這項假設推測基因是來自於外太空。講得更具體一點，應該說是相當於基因文字的DNA，而非蛋白質源頭的基因本身附著在隕石上來到了地球。這就是「生命的地球外起源説」的大概內容。

實際上，根據美國國家航空暨太空總署（NASA）在2011年發表的研究成果，墜落於南極等地的隕石經過分析後，發現了DNA鹼基中的A（腺嘌呤）與G（鳥糞嘌呤）。換句話說，**DNA「一小部分的零件」**

的確有可能來自於外太空，但其實目前幾乎也還是對此一無所知。

另外還有一種假設叫作「RNA世界學說」，這種說法認為RNA的存在先於DNA，DNA是被用來備份製造蛋白質的RNA資訊。地球最早生命的起源，以及基因的誕生似乎還有數不清的謎團。

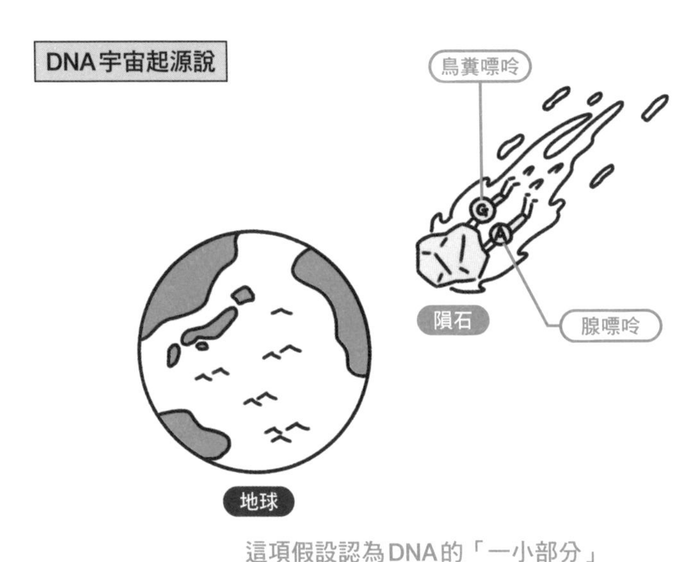

這項假設認為DNA的「一小部分」
附著在隕石上墜落到了地球。

總結

1. 地球最早的生物誕生於超過38億年前。
2. 或許一部分的DNA是來自於外太空。
3. 也有可能最早的基因其實是RNA。

基因有多少種？

人類的基因並沒有想像中多

請你猜猜看，人類有多少種基因？如果完全不給提示的話，你大概連一點概念也沒有，因此這邊先給一個提示。

屬於單細胞生物的大腸桿菌約有4400種，黑腹果蠅這種昆蟲約有1萬5000種，和人類同屬哺乳類的小鼠（家鼠的一種）約有2萬種。

人類的身體遠比這些動物複雜，那麼基因的種類會是多少呢？

其實根據推測，**人類的基因種類大概和小鼠差不多**。1990年代當時曾認為，由於人類的身體比小鼠複雜得多，因此基因應該有10萬種左右。但在徹底分析人類的基因組後發現，就算多估一些，人類的基因大概也只有2萬2000種左右。根據2021年最新的研究成果，**人類的基因有1萬9969種**。

順便一提，如果範圍擴大到植物的話，情況就更加複雜了。一般推估**水稻約有3萬2000種基因**，比人類還多。

由於人類與植物不論在身體構造或生命型態方面都存在根本性的差

異，因此用基因數量多寡來比較優劣可以說是沒有意義的。

基因的種類

人類的基因種類
幾乎和小鼠一樣

約3萬2000

約2萬

約2萬

約1萬5000

約4400

大腸桿菌　蒼蠅　小鼠　人類　水稻

人類的基因種類幾乎和小鼠一樣多，
水稻的基因種類則比人類多1萬種以上。
「基因種類較多＝擁有更出色的能力」
這種想法是錯的。

1. 人類的基因約有2萬種。
2. 植物的基因種類更多。
3. 但並不是基因種類多就比較好。

不可思議的基因

基因以外的DNA 在做什麼？

似乎有不製造蛋白質的RNA存在

一般認為，人類的DNA是由約30億個文字書寫而成的。但說到這全部的文字是否都能製造基因，也就是蛋白質的話，卻也未必，其實不製造蛋白質的反而是絕大多數。**基因組中相當於基因的部分只占全體大約2％，剩下的98％左右並不是基因，也就是不會製造蛋白質。**

那麼剩下的98％難道就什麼也不做嗎？似乎也並非如此。近20年來漸漸發現，被複製的RNA雖然不製造蛋白質，但會做許多事。舉例來說，像是**透過破壞其他RNA進行微調，以避免製造過多蛋白質。**

如果說生物是食譜的話，那麼只是隨便把食材攪拌在一起，是沒有辦法做出料理的。必須依正確步驟放入數量正確的食材，以正確方式烹調。不製造蛋白質的RNA可以說就是在進行這類微調。

繼續以食譜來比喻的話，基因相當於食譜中寫出了必要食材的部分，而基因以外的部分則類似提醒各種注意事項的內容說明。只有食材雖然也做得出料理，但有了內容說明的話，能讓煮出來的菜更好吃。同樣地，基因以外的部分能讓生物擁有更複雜的身體構造及功能。目前科學界也正在研究，這些所謂的內容說明究竟寫了些什麼，相信今後應該會揭開真相。

不製造蛋白質的RNA所負責的工作

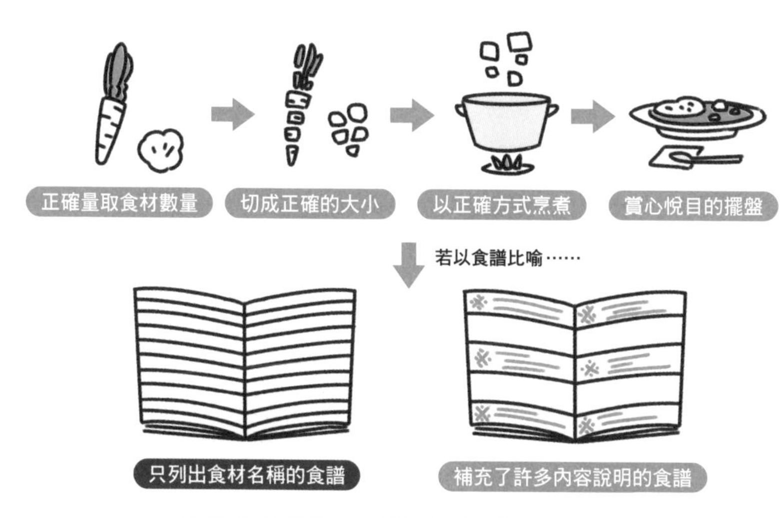

以做菜為例的話，可以想像成不製造蛋白質的RNA輔助了正確量取食材數量，以及正確烹煮等工作。以食譜為例的話，則像是加註了許多內容說明，讓做出來的料理更加美味。

總結

1. 基因在人類的基因組中只占約2％。
2. 基因組中98％的部分不製造蛋白質。
3. RNA本身似乎也有作用。

不可思議的基因

他人與自己的基因幾乎沒差別？

不同人之間基因組的差異僅0.1%

我們在日常生活中，會以長相等特徵來分辨不同的人，像是臉的輪廓、鼻子的高低、眼睛的大小及位置、耳朵的形狀等，有各式各樣的判斷依據。即使是看背影，也可以從大略的體型看出眼前的人是誰。如果是外國人的話，眼睛及皮膚的顏色也可以當成參考依據。正因為每個人的臉孔、體格都不相同，所以我們才有辦法分辨出一個人與另一個人的不同。如果從基因組來看的話，人與人之間存在多少差異呢？

其實，國際基因組計畫這項全球性的跨國計畫在比較基因組後發現，**每個人彼此之間的差異大約只有0.1%而已**。該計畫開始於1990年，目標是將當時仍在未知狀態的人類基因組序列全部分析出來。這項工作於2003年完成，在比較了不同人的基因組序列後，發現彼此間的差異為0.1%。0.1%看起來或許是個很小的數字，但**由於人類的基因約有30億個文字，換算下來代表其實約有300萬個文**

字不同。一般認為，除了外表以外，這些差異也與體質、是否容易罹患特定疾病等有關，目前仍持續進行相關研究。

另外，基因組完全相同的例外其實也是存在的，那就是同卵雙胞胎。同卵雙胞胎是一個受精卵分裂之後生下來的，由於源自共通的細胞，因此基因組基本上會完全相同。

每個人身上的基因幾乎是一樣的

即使是外表完全不同的兩個人，
基因組的文字序列也有99.9％相同。與其在意彼此間顯而易見的差異，
更應該將對方當成和自己並沒有什麼不同的一個人。

總結

1 人與人之間基因組的差異為0.1％。

2 代表在30億個文字中約有300萬字不同。

3 同卵雙胞胎的基因組完全相同。

不可思議的基因

為什麼父母與子女間會有遺傳？

新生命是從父親與母親各得到一半基因組所孕育而成

大家都知道，父母和子女的相貌會很相似。但為何會相似呢？其實這也與基因有關。

形成新生命的第一步，是精子與卵子受精成為受精卵。受精卵會不斷進行細胞分裂變成胎兒，當胎兒大到一定程度時便會出生。受精時，精子與卵子分別帶有父親與母親的基因組。**父親與母親的基因組結合，會形成胎兒的新基因組**。這便是為何會有「遺傳」這個問題的答案。遺傳這個詞也會被當成「把自己的長相傳給了小孩」的意思使用，但**嚴格來說應該是「把自己的基因組傳給小孩」**。

人類的基因組總共有大約30億個文字，如果父親和母親的基因組只是單純合在一起的話，小孩的基因組會變成大約有60億個文字，讓人難以想像這樣下去的話究竟會如何。

生命便在這時展現了其奧祕之處。我們可以**將基因組看成2個為1對，而精子與卵子則各自只帶有1個**。為了在結合的時候（受精的時候）讓基因組的數字正確，因此會先除過一遍。我們常常講「加起來除以2」，而生物在孕育新生命時則是「除以2再加起來」。

從父母各得到1個基因組

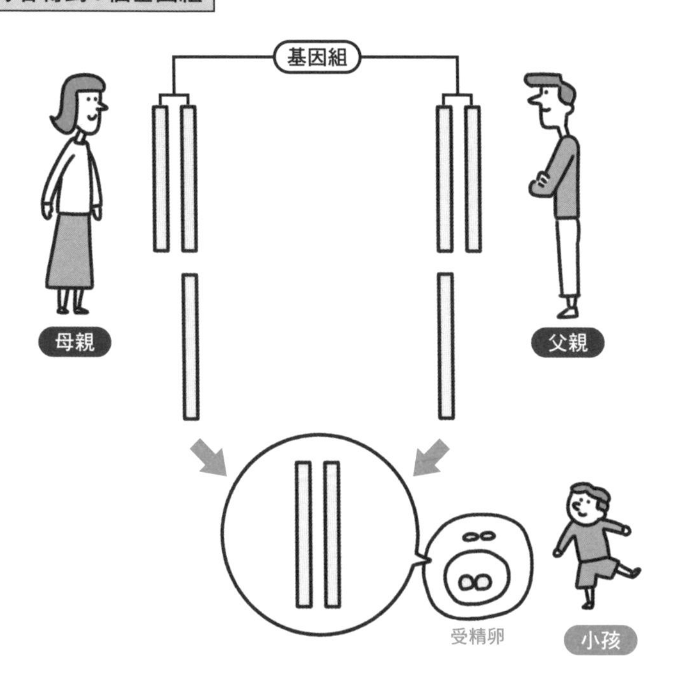

小孩從父母2個1對的基因組各得到1個，
因此也擁有2個1對的基因組。

總結

1 基因透過精子與卵子傳給下一代。

2 遺傳指的是將基因傳給下一代。

3 子女從父母雙方各得到2個1對的基因組中的其中1個。

不可思議的基因

複製羊桃莉是怎麼複製出來的？

桃莉是融合羊的乳腺細胞與卵子後複製出來的

講到科幻小說或科幻電影中常出現的「複製人」，或許你腦海中會浮現許多長相完全相同的人一擁而上追殺主角之類的情景。有些人過去可能也看過複製羊「桃莉」相關的新聞。以上所提到的複製生命（clone），其實也與基因有關。

複製生命的複製指的是「具有相同遺傳訊息的細胞或個體」。簡單來說，就是具有完全相同的基因，基因組一模一樣的細胞或生物。照這個定義來看，同卵雙胞胎也算是複製人。不過一般不太會將同卵雙胞胎稱為複製人，通常只有在人為製造出來時才會用複製來稱呼。

人為製造出的複製生命之中最有名的，是誕生於1997年的複製羊桃莉。桃莉是從成羊A取出乳腺細胞（僅哺乳類具備，為胸部分泌乳汁的腺體之細胞），與另一隻羊B的卵子（已去除了含有DNA的細胞核）融合後，再將融合的細胞移植到羊C的子宮所生下來的。由於桃莉與羊A的基因組相同，因此等同於羊A的複製體。過去雖然也有成功複製青蛙等動物的案例（成功複製出青蛙的約翰・格登博士是2012年的諾貝爾生醫獎得主），但因為**桃莉是哺乳類的首例**，所以引發了熱烈討論。

若是能製造出肉質鮮美的牛的複製體，就可以穩定生產高品質的牛肉，因此**畜牧業對於複製生命技術特別抱持期待**。不過由於成功率相當低，所以目前仍停留在基礎研究的階段。

複製羊是這樣來的

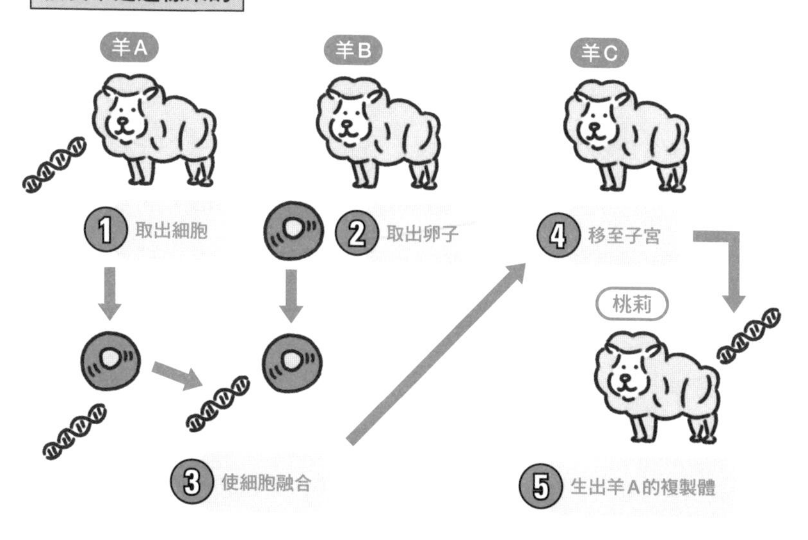

總結

1 複製生命（clone）指的是基因組相同的細胞或生物。

2 桃莉與提供細胞的另一隻羊擁有相同的基因組。

3 複製生命技術有機會應用於畜牧業。

不可思議的基因

基因組也可以人為剪貼加工

目前已有移植其他生物的基因，或是修改基因的技術

自然界雖然有幾種藍色的花，但並不存在藍色的玫瑰，也因此藍色玫瑰的花語是「不存在之物」。但2002年時透過基因技術，以人工方式成功培育出了藍色的玫瑰。藍色玫瑰的花語現在已經改成了「夢想實現」，有時還會贈送給在運動比賽中得到冠軍的選手。

玫瑰有開出紅色或黃色花朵的品種。之所以會呈現紅色或黃色，是因為花瓣中有紅色或黃色的「色素」成分。此外，玫瑰有會製造紅色與黃色色素的基因。但由於沒有會製造藍色色素的基因，所以無論如何也不會開出藍色的花瓣。那藍色玫瑰為何有辦法製造出藍色的色素呢？這是因為**玫瑰的基因組中被放入了藍色大花三色堇的「製造藍色色素的基因」。這種類似移植基因的方法叫作「基因改造」**。即使是不同的花，基本上同樣的基因還是能製造出相同蛋白質，發揮相同作用。因此大花三色堇的「製造藍色色素的基因」在玫瑰的細胞中也一樣能運作，製造出藍色的色素。

而且在2013年後，由於新技術問世，使得修改基因變得更加簡單，這種技術叫作「基因組編輯」。基因是由A、T、G、C四種文字組成的（➡P. 14），基因組編輯能夠以一個文字為單位進行刪除、插入、修正，在有數十億個文字的文件檔案中精準找出想要修改的地方做出修改。高營養價值的番茄及無毒馬鈴薯都是目前正在研發的項目。另外，基因組編輯未來也可望用於治療基因導致的疾病。

基因改造的原理

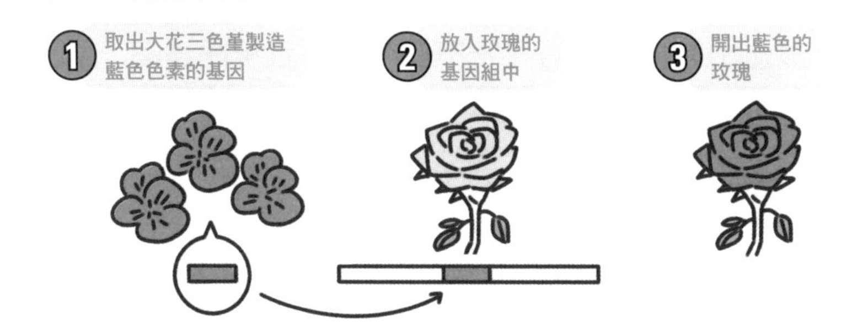

基因組編輯的原理

ATCGTGCATGATATCACGCCATAGTATACAT

⬇ 可以只改變一個文字、插入其他文字或是刪除文字

ATCGTGCATGATATCTCGCCATAGTATACAT

總結

1 生物的基因可以移植至其他生物。

2 藍色的玫瑰是放入了製造藍色色素的基因培育出來的。

3 基因組編輯技術能夠精準修改基因。

不可思議的基因

修改基因能讓身體變得不一樣？

改造出完美無瑕的人類不僅困難而且風險極高

基因組編輯技術有機會能夠治療因基因突變所導致的疾病。反過來說，或許也有可能從基因層級強化人體。

例如，「肌肉生長抑制素」這種基因具有抑制肌肉合成的作用，以避免製造出不必要的肌肉。這種基因沒有正常發揮作用的鯛魚會變得有更多肉，同樣的事情如果發生在牛身上，牛就會全身長滿肌肉。如果**運用基因組編輯技術，使得人類的肌肉生長抑制素基因失去作用的話，人類或許也會擁有滿是肌肉的體格**。

美國麻省理工學院、哈佛大學的喬治・丘奇教授，在自己研究室的網站上列了一項清單，舉出若是運用基因組編輯等技術修改某種基因，會帶來哪些好處與壞處（2021年9月時）。

例如，令CCR5這種基因失去作用的話，就不容易遭引起愛滋病的HIV病毒感染。但相對地，則會變得容易感染流感病毒。**換句話說，做出一項改變也會引發另一項改變，似乎很難只享受其中的好處。**

另外，基因的功能其實也還沒有完全研究透徹，人類幾乎不知道改變基因將會帶來什麼樣的影響。因此目前普遍認為，對受精卵進行基因組編輯會影響到子女及其下一代，就現階段而言風險過高，對此抱持否定的看法。

修改基因以增加肌肉

普通的牛

基因組編輯

肌肉生長抑制素基因失去作用的牛

若對肌肉生長抑制素基因進行基因組編輯，
可以讓牛的身體變得滿是肌肉。
因此，如果使人類的肌肉生長抑制素基因失去作用，
或許就能打造出超級人類。
只是人體應用因為風險太高，就現實而言並不可行。

總結

1 肌肉生長抑制素基因如果失去作用，會長出大量肌肉。

2 基因組編輯或許能從基因層級改造人體。

3 改變人類的基因存在未知的風險。

COLUMN 1

DNA的全長真的有1200億公里那麼多？

有說法指出，若將人類所有細胞裡的DNA全部連接起來排列的話，長度有1200億公里之多。

DNA的2個鹼基之間的寬度是0.34奈米，人類的DNA相當於30億個鹼基的總長度，但由於父親及母親雙方都提供了DNA給下一代，因此一個細胞所含的DNA總長度是

0.34奈米×30億個鹼基×2＝2.04公尺

而人體總共有60兆個細胞，所以

2.04公尺×60兆個＝1224億公里

但近來有新的計算結果指出，人體的細胞總數並不是60兆個。其實，「60兆」這個數字原本就是將細胞假設為邊長10微米的立方體、密度與水相同，且體重為60公斤時粗略計算出來的。因此，透過照片測量每個器官及組織的細胞大小，更精確計算細胞數量後推估出來的結果是「30歲，身高172公分，體重70公斤的人細胞總數為37兆2000億個」。以這個數字重新計算的話，DNA的總長度是

2.04公尺×37.2兆個＝759億公里

而且，由於占了全體細胞三分之二的紅血球並沒有DNA，因此實際上應該是250億公里左右。這個距離相當於在地球與太陽間來回83趟。

“第2部”

破解基因之謎

你平時是否想過「為什麼我會有這樣的情緒？」、「為什麼人會生病呢？」之類的問題？第2部將針對「心靈」、「身體」、「人生」、「疾病」、「飲食」、「生命」等各種類型的問題提供解答。

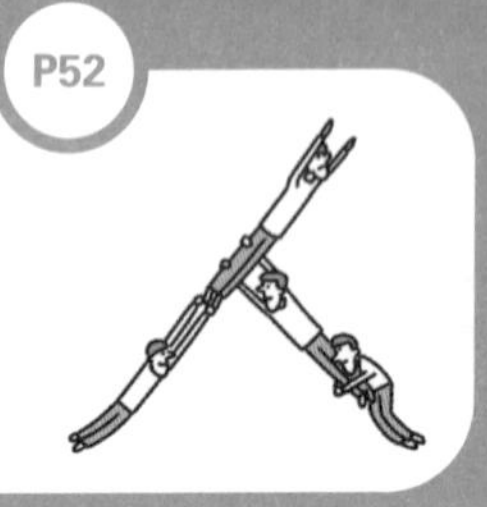

從基因窺探

P48

人是透過
「氣味的基因」
挑選對象的？

P50

女人真的
會被與父親相似的
男性吸引？

P54

會有不安、孤獨、
悲傷等情緒
代表基因運作正常？

心靈的奧祕

P58

人為何會
歧視他人？

P63

日本人的認真個性
與基因有關？

為何對於幸福的感受會有差異？

每個人對於幸福的感受不盡相同，
為什麼會這樣呢？
其實說不定與基因的差異有關。

基因的文字排序不同會影響幸福的程度？

即使和他人的收入、生活型態等人生際遇都差不多，每個人對於自己幸福與否的感受還是會有所不同。有的人會覺得自己很幸福，但有的人並不認為。有一種基因是負責製造在腦內接收神經傳導物質的蛋白質，這種差異可能與每個人的該種基因不盡相同有關。

由愛知醫科大學等單位組成的研究團隊針對198名大學生及研究生進行了一項幸福度的問卷調查，將幸福度數值化，並發現該數值與CNR1基因的個人差異之間存在相關性。

這項研究中的「基因的個人差異」是指構成基因的文字序列（➡**P.14**）之中，僅有1個文字不同，這稱為「單核苷酸多型性（SNP）」。

接受來自父母的基因時，「A」、「T」、「G」、「C」等文字中，如果從父母雙方接收到的都是C，結果會是CC；若從其中一方接受到C，另一方接收到T，結果則會是CT；從父母雙方接收到的如果都是T，結果便是TT。

這次發現了個人差異（僅有一個文字之差）的地方被**編號為rs806377，該處如果是CC或CT的話，幸福度的分數較高**。

由於這項研究的調查對象是大學生及研究生，因此並不清楚其他年齡層的結果會是如何。另外，幸福度也不是單純取決於CNR1基因。不過，CNR1基因製造的蛋白質會存在於神經細胞，具有接收內源性大麻素的功能，所以CNR1基因看起來可能與幸福有關。

CNR1基因與幸福有關？

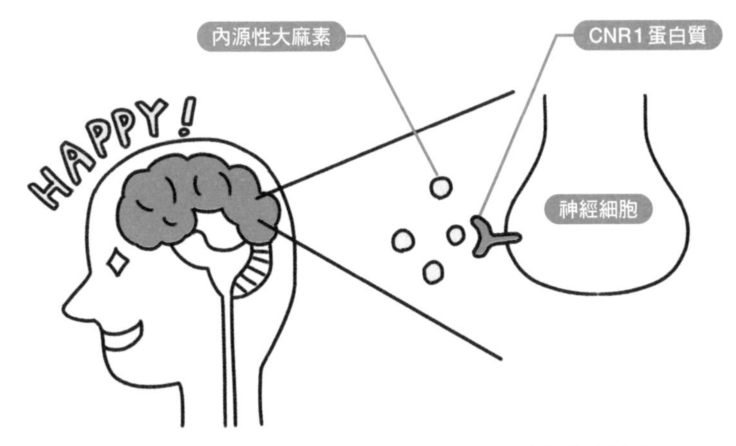

位於神經細胞表面的CNR1蛋白質與內源性大麻素結合，
便會使人感覺愉悅或興奮。

\ 實用小MEMO /

大麻是一種具有幻覺作用，同時會帶來愉悅、興奮等感受的藥物。其實我們的腦內也存在與大麻相似的物質，這種物質便叫作內源性大麻素。

基因有掌管怒氣的開關？

有的人只要一點小事就會生氣，
但也有人看起來好像從來不會生氣，
兩者之間的差別到底在哪裡？

血清素的接收方式會改變「怒氣的門檻」

世界上有很容易生氣的人，也有幾乎都不會生氣的人。不過後者有可能只是喜怒不形於色，把怒氣藏在心裡，或許這樣反而更可怕。前一個單元提到了對於幸福的感受與基因的關聯性，那容不容易生氣是否也跟基因有關呢？

德國的研究團隊曾以363名德國人為對象進行一項研究。該團隊將是否容易直接表現怒氣做成了數值化的問卷，並調查該數值與HTR2A基因間的關係。結果發現，造成HTR2A基因個人差異的SNP—**編號rs6311的地方如果是CC的組合，通常比較容易生氣。**

HTR2A基因會製造蛋白質在神經細胞接收名為血清素的神經傳導物質。一般認為，血清素具有安定精神的效果。換句話說，**如果因為基因的個人差異造成血清素的接收方式稍有不同，就有可能使人容易生氣。**

實際上，神經傳導物質還包括了帶來怒氣或興奮的多巴胺、正腎上腺素等，我們的情緒便是由各種物質與血清素間的均衡關係而來。

血清素的接收方式造成的不同

位於神經細胞表面的HTR2A蛋白質會藉由接收血清素將訊息傳至神經細胞。
HTR2A蛋白質的個人差異導致了接收血清素的靈敏度不同，一般認為這關係到容易生氣與否。

＼實用小MEMO／

神經傳導物質是將資訊從神經細胞傳遞至下一個神經細胞的物質。有些神經傳導物質會像血清素這樣帶來安心感及平常心，也有類似多巴胺或正腎上腺素般帶來興奮及愉悅的神經傳導物質。

人是透過「氣味的基因」挑選對象的？

即使自己不是特別迷戀氣味，
有些人也還是會喜歡交往對象身上的味道。
兩個人的契合程度是否在基因層級就已經決定了呢？

人真的會辨別基因的氣味來尋找對象!?

異性的氣味是否會讓你覺得心動呢？這裡指的不是香水或洗髮精的味道，而是從對方身上聞到的氣味。瑞士曾經對此進行一項著名的實驗。

這項實驗請來44名男學生連續兩天穿著同一件T恤，然後請女學生聞T恤上的氣味，並從「非常喜歡」到「非常討厭」依10個等級給分。實驗發現，分數與一種名為HLA的基因有關。

HLA其實是關係到免疫的基因。一般認為，**HLA愈是多樣化，就愈有辦法對付病毒、細菌等各種外來的敵人**。另外，在這項實驗中，氣味受到喜歡的男學生的HLA通常與女學生的HLA不同。喜歡HLA與自己不同的對象意味著若是兩人間生下小孩，小孩的HLA也會與父母的不同。換句話説，這可以看成**人會透過氣味判斷將來生下來的小孩的免疫**。

不過目前還不清楚人類是如何藉由氣味判斷HLA的種類的。雖然《你的成敗，90%由外表決定》（竹內一郎著，平安文化）這本書強調了外表的重要，但戀愛似乎也與氣味有些關係。

對氣味的好惡是基因決定的？

HLA基因的類型愈是不同，會愈喜歡對方的氣味。

＼實用小MEMO／

HLA是一種除了紅血球以外，幾乎存在於所有細胞表面的蛋白質。免疫系統在判斷是否有外來者（或是細菌、病毒等敵人），進行攻擊時，HLA是重要的辨識依據。進行器官移植時，HLA的種類若是不一致，就會被視為外來的敵人，發生排斥反應，因此一定要檢查HLA的類型是否一致。

女人真的會被與父親相似的男性吸引？

即使是不喜歡自己父親的女性，
不知為何也還是會挑選和父親相似的交往對象……。
難道潛意識裡其實是喜歡父親的？

身上氣味吸引自己的男性和父親的氣味基因相似？

女性讀者會不會覺得喜歡的對象和自己父親有相似之處呢？這或許也和前一個單元提到的HLA基因有關。

美國芝加哥大學的研究團隊曾進行一項實驗，請女性聞男性的氣味，並回答是否喜歡該氣味。不過，參與實驗的女性並不知道自己聞的是男性的氣味。該團隊因而發現，**氣味受到青睞的男性的HLA型態與女性的父親相似**。這成為了女性會被氣味與父親相似的男性吸引的證據之一。

或許有些讀者看到這裡會心生疑惑。因為前一個單元曾提到，人會喜歡HLA和自己不同的對象。自己是父親和母親各提供一半基因所生下來的，這就代表了自己和父親有一半基因是相似的。如此一來，**為了使HLA具有多樣性，應該要找和父親不像的人繁衍後代才合理**。

兩項研究就結果而言都沒有錯，但卻得到了相反的結論，因此喜歡的對象似乎並不是單純由HLA基因的氣味決定的。也或許，受到異性吸引的原因其實與我們還不知道的基因有關。

女性會受氣味與父親相似的男性吸引？

基因研究發現，女性可能會受到氣味與父親相似的男性吸引。
但也有可能是與氣味以外的不同基因有關。

HLA基因也會影響費洛蒙的成分嗎？

有說法這樣認為。由於費洛蒙是直達腦內掌管本能，而非處理氣味相關資訊的區域，因此或許會在本能上，而不是透過氣味得到好感。

為什麼人是群體動物？

就算不喜歡和他人打交道，
我們在學校或公司裡還是免不了得和別人相處。
獨自一人生存為何是一件很難的事呢？

人類是靠著團體生活一路生存到現在的

新型冠狀病毒（COVID-19）疫情蔓延全球，使得人與人的直接接觸大為受限，因此只得透過線上聚餐的方式與朋友同樂，許多工作也都改為居家上班。即使通信技術發達，透過螢幕就可以看見其他人，但我們在這個時代仍然有強烈想要與他人直接接觸的需求。

人類這種生物自古以來便重視團體生活，並透過團體中的分工合作延續存活至今。例如，有些人負責打獵，有些人負責採集果實，有些人則是負責在居住地做衣服、蓋房子等，每個人依身體條件及個性承擔適合的工作。處於團體之中，也比較不容易遭其他動物或敵對的團體襲擊。比起自己一個人打獵、煮飯，時時刻刻擔心遭受攻擊，在團體中生活更容易生存下去。

遠古時候的生活似乎也在我們的基因中留下了痕跡。美國波士頓大學的研究團隊指出，團體生活所不可或缺的合群性受到了rs2701448

這種基因的個人差異（➡P.44）影響。合群性高的話，容易對他人感同身受、建立良好關係。合群性低的人雖然會避免與人往來，但擅長獨立作業，而且不怕孤獨。這兩者並沒有孰優孰劣之分，團體中同時有這兩種人存在，才有辦法將需要團隊合作進行的工作以及獨自一人默默進行的工作分別交給適合的人執行。

古代人類的生活

人類因為自古以來過著團體生活、分工合作，才得以生存至今。

\ 實用小MEMO /

就算是合群性低的人，有時去便利商店之類的地方還是得向店員求助，需要周遭其他人的協助，因此可以說，人終究無法獨自一人生存。雖然不需要勉強自己融入團體，但維持適當距離與人往來似乎還是比較好。

會有不安、孤獨、悲傷等情緒代表基因運作正常？

當你難過、心情低落時，
或許會怪自己「我真是沒用。」
但這搞不好其實是基因發出的求救信號。

不安或悲傷並非自己的軟弱或能力不足造成的

相信每個人心裡應該都或多或少有些不安的事情，也曾為了工作或戀愛不順利而傷心流淚。人生原本應該要開心度過的，為什麼我們還會有這些負面的情緒呢？其實這也與基因有關。

一般認為在過去以狩獵生活為主的時代，不安及悲傷是生命正遭受威脅的警訊。也就是感到不安或悲傷其實是一種生理反應，代表目前的狀況對自己而言是危險的，最好設法脫離。當然，在現代不可能因為一點不安或傷心難過，就輕易搬家、辭去工作之類的，但這些情緒或許是告訴你「最好設法改變一下」的信號。會感到不安或悲傷絕不是因為自己軟弱或能力不足，反而應該理解為「因為基因運作正常，所以發出了信號」，讓心情放鬆一些。

話說回來，有些人生性樂觀，有些人則是動不動就會掉眼淚，這種個性差異似乎也與基因有關。美國加州大學的研究團隊指出，基因組中rs6981523與rs9611519這兩個位置關係到了情緒安定性。情緒安定性高的話會成為樂觀的人，但相對地則容易做出危險的行為。情緒安定性低的話會容易感到不安，但行事也較為謹慎，會設法避開危險。兩者同樣沒有孰優孰劣之分，都只是一種個人特質。

負面情緒是基因的個人差異造成的？

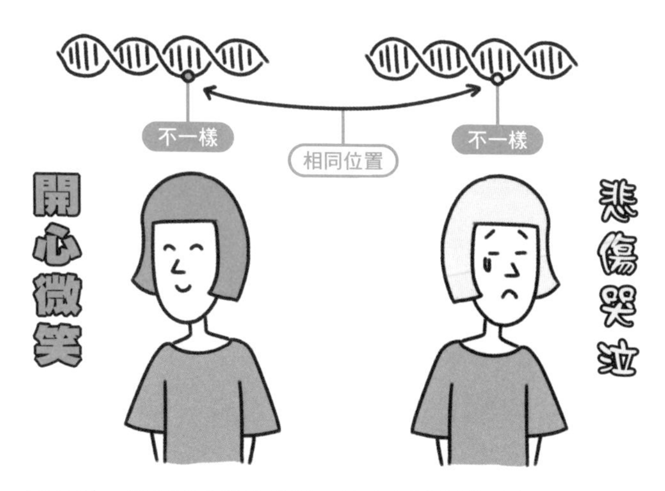

DNA的一個文字之差也會對一個人個性樂觀或悲觀造成影響（但並非絕對，而且也不是只取決於基因）。

＼實用小MEMO／

感到不安是基因有正確運作的證據。如果無論如何就是無法擺脫不安的感受，或許可以試著以客觀角度檢視，思考自己為何會感到不安。既然你正在閱讀本書，我建議最好還是正視基因發出的這些信號。狀態若是糟糕到連這些事都做不了的話，請向醫師尋求協助，不要硬撐。

婚後初期的相處摩擦也是基因害的？

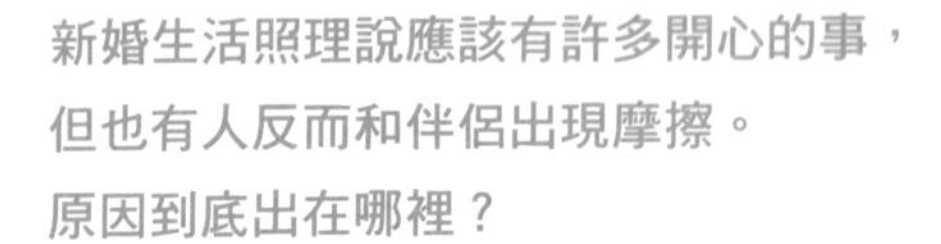
新婚生活照理說應該有許多開心的事，
但也有人反而和伴侶出現摩擦。
原因到底出在哪裡？

基因會影響催產素的分泌量

似乎有不少人在結婚後突然開始在意伴侶的缺點或個性，覺得新婚生活不如自己想像中美好。

結婚之後夫妻通常會長期在同一個空間生活。但這個一同生活的伴侶對基因而言，是完完全全的陌生人。和陌生人一起生活的話，出現摩擦大概也是難免的事。甚至可以說，能夠圓滿化解這些摩擦，或是互相認同，才有辦法建立伴侶間的情感連結及信任。

那麼，容易建立這種情感連結的人具有那些特徵呢？關於這一點，其實也有從基因觀點出發進行的研究。美國阿肯色大學的研究團隊以72對新婚夫妻共142人為對象進行問卷調查，詢問婚後三年間自己是如何看待另一半、對夫妻關係有何想法等。結果發現，位於CD38基因的rs3796863基因差異，與夫妻關係的滿意度（感謝、信任、包容的心情）有關。一般認為，CD38基因會製造位在細胞膜的蛋白質，並與有「愛情激素」之稱的催產素分泌有關。沒有CD38基因的小鼠血液中催產素濃度較低，與其他小鼠的友好關係及母性行為較差。

以人類而言，雖然沒有「如果是特定型態的rs3796863，新婚生活一定不會美滿」這種事，但許多人都因為基因的個人差異，而有對夫妻關係滿意度不高的基因。換句話說，如果能轉個念告訴自己「不是只有我的新婚生活不美滿」的話，心情或許就能輕鬆許多。找結婚多年的人商量、尋求建議，相信應該有助於解決婚後初期夫妻間的摩擦。

影響夫妻關係的基因

CD38基因的個人差異有可能會影響有愛情激素之稱的催產素分泌量。

\ 實用小MEMO /

英國布里斯托大學等單位的研究指出，夫妻關係良好的話，約19年後男性的低密度膽固醇平均降低了4.5㎎／dL，BMI雖然只少了1，但同樣有降低。美滿的夫妻關係似乎也會對男性的健康狀態產生影響。或許是因為許多男性的人際關係僅限於職場與家庭，因此家庭環境與健康狀態之間出現了高度關聯。

人為何會歧視他人？

不論在什麼時代或地區，歧視永遠是人類的課題。
如果從基因層級來看的話，
人類其實完全沒有理由歧視他人。

若從基因來看，沒有人是完全相同的

歧視是人類社會根深蒂固的問題。因膚色而遭受差別待遇的種族歧視、因性別而在入學考試或工作上遭遇困難的性別歧視、因國籍而遭羞辱的國籍歧視、對身心障礙者態度不友善的身心障礙歧視等，不論法律規定得再詳盡，歧視始終不曾消失。

歧視指的是區分「自己」與「他人」，蔑視他人的行為。在人類團體生活的歷史中，為了提高存活率，建立自己所屬團體的同伴意識、認為自己的團體較其他團體更優秀的想法或許還算合理。但在現代社會，我們應該擴大同伴意識，超越地區或國家的限制，將整個地球都視為同一個團體。在當今這個時代，歧視可以說已經是落伍的行為了。

這裡則稍微從基因的觀點來分析，歧視是多麼沒有意義的行為。歧視就是將自己的團體與他人的團體切割開來，而現在是一個可以輕易研究每個人基因的時代，所以已經知道，如果放到基因的層級來看，每個人都是不一樣的。雖然有容易罹患疾病與否、合群性高或低之類的些微差異，但並不存在「每種基因都是最優秀」的人類。甚至可以說，正因為有各式各樣的人聚集在一起，彼此截長補短，根據每個人的專長決定分工，社會才得以發展起來。歧視他人等於是另一種形式的將自己與他人切割開來、孤立自己，最終只會降低自己的生存機率。

放到基因層級來看，每個人都是不同的

如果從基因組來看，世界上沒有完全相同的人，
也沒有辦法以群體區分。
在這個基因研究日新月異的時代，歧視可以說是一種落伍的行為。

基因對同性戀有8～25％的影響

LGBT是日本近來常見的歧視問題之一。2019年有一項研究成果指出，LGBT之中的同性戀有8～25％是受到基因的影響。這些基因的特徵是容易做出帶有風險的行為、好奇心強等，或許是有利於生存的特質。

憂鬱症等精神疾病與基因有關嗎？

雖然憂鬱症和基因似乎有一些關係，
但看起來又還不到
「某種基因必定會導致憂鬱症」的地步。

就算是再堅強的人，持續處於高壓之下一樣會得憂鬱症

講到基因與人類之間的關係，許多人都會想到身體方面的特徵。事實上，頭髮的顏色或性別都很明確是由基因決定的。不過就像本書前面提到的，性格及心靈等部分雖然不是完全取決於基因，但目前已經知道，還是稍微和基因有一些關聯。

那麼精神疾病，或是說內心方面的疾病和基因之間有什麼關係呢？舉例來說，憂鬱症是精神或身體上的壓力所導致的疾病，會使得腦部無法正常運作，令人提不起勁、思考偏向負面。另外也會引發失眠、頭痛等生理方面的問題。有一項調查結果指出，日本每100人中約有6人在一生中曾至少罹患一次憂鬱症。

國外進行的一項雙胞胎實驗則推測，憂鬱症的原因中有37％具有遺傳方面的因素。另外，一項結合了30萬的人基因組數據及問卷的研究則提到，基因組中有15處與憂鬱症有關。不過重點在於，該研究並未發現「某種基因必定會導致憂鬱症」，只能說「容易得憂鬱症與否」似乎和基因有一點關係。就算心理素質再強大，如果一直承受過多壓力的話，恐怕還是會得憂鬱症。適度的緊繃和壓力或許是有必要的，但還是要請大家盡可能遠離緊張高壓的生活。

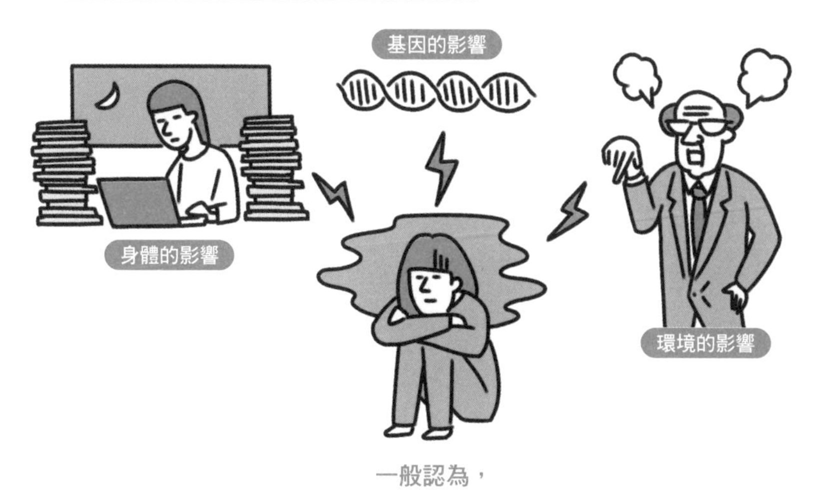

一般認為，
環境與基因都會對心理健康造成影響。

雙胞胎研究都是在研究什麼？

舉例來說，雙胞胎研究會比較基因完全相同的同卵雙胞胎與基因不同的異卵雙胞胎，調查基因的影響。專家推測，除了憂鬱症以外，IQ、運動表現也一定程度受到了基因的影響。

COLUMN 2

有「受歡迎基因」嗎？

關於有沒有「受歡迎基因」這個問題，答案可能會隨時代及地區而變。原因是，雖然與臉部輪廓、身高、體重有關的基因確實存在，但怎樣的外表才受人喜愛卻會隨時代、地區而有所不同。

另外，也或許「受歡迎基因」並非直接存在，而是與其他基因的特徵有關。例如，能夠短距離高速奔跑的基因是的確存在個人差異的（➡P. 80），我們回想小時候可能會發現，跑得快的男生基本上都比較受歡迎，於是推論出「跑得快的基因」等於「受歡迎基因」這樣的關係。

當然，因為跑得快而受歡迎這種事頂多只會出現在學生時代，出社會以後並不會同樣還是「受歡迎基因」。就目前來看，並沒有一種基因可以讓人一輩子都受歡迎。

COLUMN 3

日本人的認真個性與基因有關？

一般人或許都會對不同民族的人抱持「日本人個性認真」、「巴西人生性熱情」之類的印象，這種性格上的差異似乎也許基因有一些關係。

其中的關鍵是5-HTT基因。這種基因製造的蛋白質會調節血清素的腦內濃度，而血清素是一種能夠安定心神的神經傳導物質。與5-HTT基因有關的DNA位置存在差異，這種差異被稱為S型與L型。帶有S型的話會容易感覺不安，做事更為小心謹慎。而L型則個性樂觀，做事較為積極進取。包括日本在內的亞洲人以帶有S型的居多，似乎與「亞洲人比歐美人認真」這種印象有關。不過這只是就整體來看的平均結果，無法準確套用到每一個人的個性上。例如，「帶有S型的人個性一定很認真」的說法並不成立。

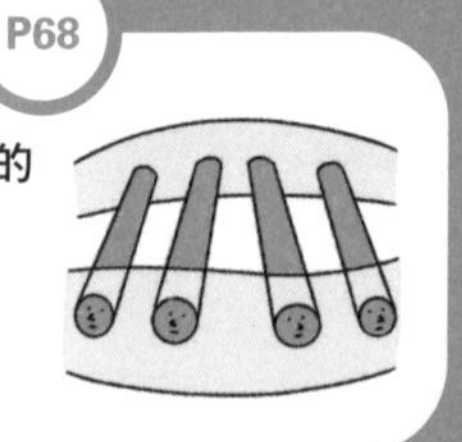

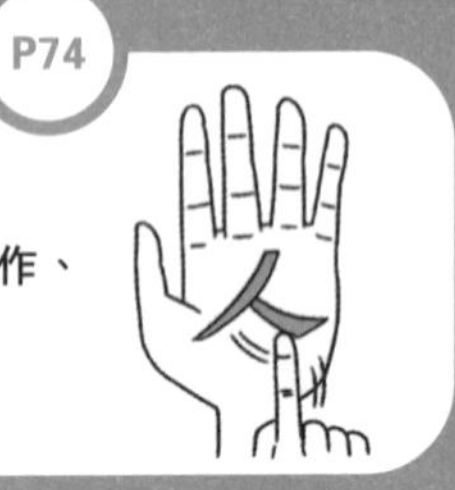

透過基因認識

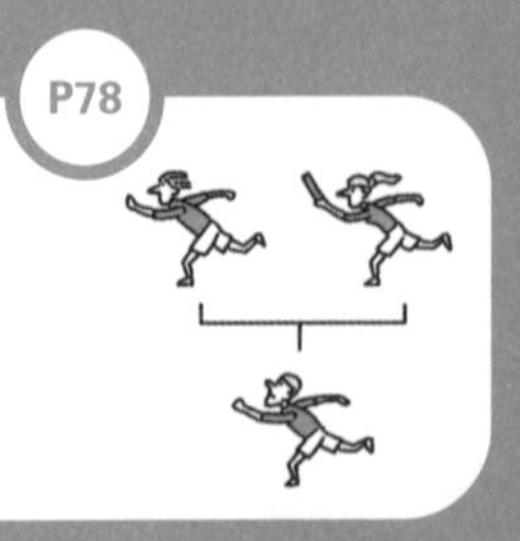

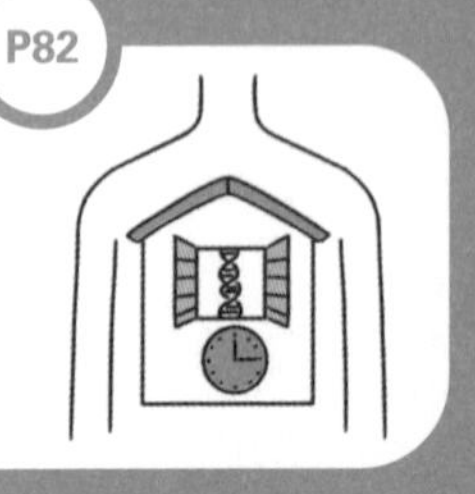

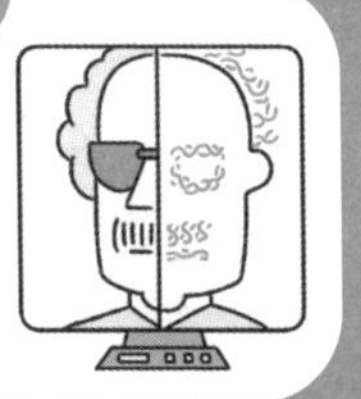

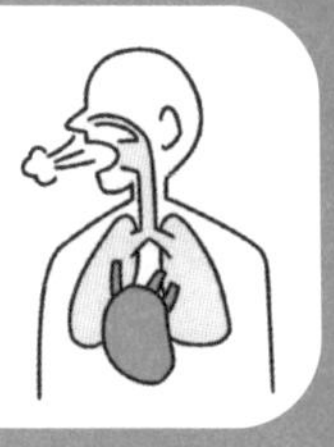

神奇的人體

男女有哪些地方不同？是怎麼決定的？

雖然同樣是人類，但男性與女性的外表大不相同，
這其實也與基因有關。
不過，就只是一個基因的不同……。

有一種基因只存在於男性

將人分類的方式五花八門，其中一種就是依性別分為男性與女性。當然，認為自己屬於什麼性別，也就是所謂的性別認同是因人而異的，性別認同不是只有男性與女性之分，也有中性（介於男性與女性之間）或無性（沒有性別認同）等，不過這個單元是要從細胞及基因層級來探討男性與女性。

有一種男性特有的基因叫作「**SRY基因**」。SRY基因在胎兒的早期階段就會為了製造睪丸而運作，接下來睪丸便會分泌名為「雄激素」的激素。雄激素也被稱為男性荷爾蒙，會使人發展出男性的特徵，在胎兒階段的主要功能則是製造男性的生殖器官。孕婦想要知道自己懷的寶寶是什麼性別時，婦產科醫生通常會透過超音波檢查，若超音波照到了寶寶有男性生殖器官，就會判斷是男生，這也代表SRY基因此時便已經在運作（但由於只是憑藉是否有微小的突起來判斷，因此也有可能生下來才發現原來是女生）。到了青春期，雄激素會發揮作用，使男性的生殖器官發育、變聲、體毛增加、增強肌肉等，打造出所謂「具有男性特徵的外觀」。SRY基因此時雖然已經不再運作，但因為有睪丸分泌雄激素，所以就算SRY基因沒有直接發揮作用，也還是能打造出具有男性特徵的身體。

只有男性會帶有SRY基因。也就是只有父親有，母親並沒有。孕育後代時，**從父親接受到SRY基因的受精卵便會成為男性**。科學家在以小鼠（家鼠的一種）進行實驗時，發現若將SRY基因放入雌受精卵中會發育出睪丸變為雄鼠，因而得知了這項事實。

僅男性帶有SRY基因

什麼是X、Y？➡P.92

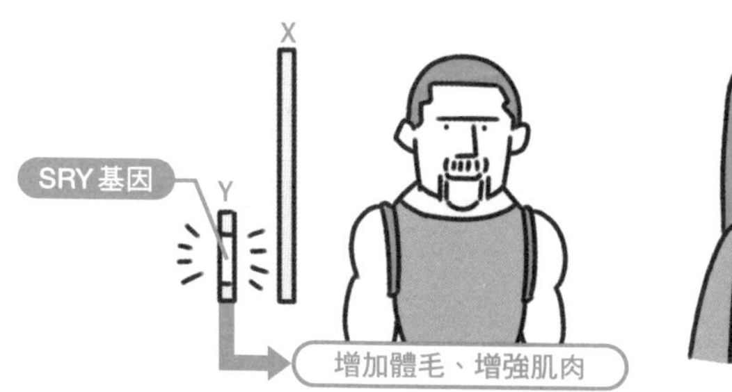

若有SRY基因，便會發育出睪丸。
睪丸分泌的雄激素會打造具有男性特徵的身體。

實用小MEMO

只有哺乳類才具有「有SRY基因的話就會變為雄性」這項特徵，其他生物有各式各樣決定性別的機制。尤其是魚類，活著的時候經常出現性別產生變化的「性轉變」（➡P.188）。某些魚類族群之中，體型最大的雌魚會轉變為雄魚。因環境決定性別的現象並不罕見。

從基因窺探心靈的奧祕
透過基因認識神奇的人體
基因與人生
基因與疾病
透過基因認識食物的奧祕
透過基因認識生命的奧祕

基因對於長相的影響程度有多大？

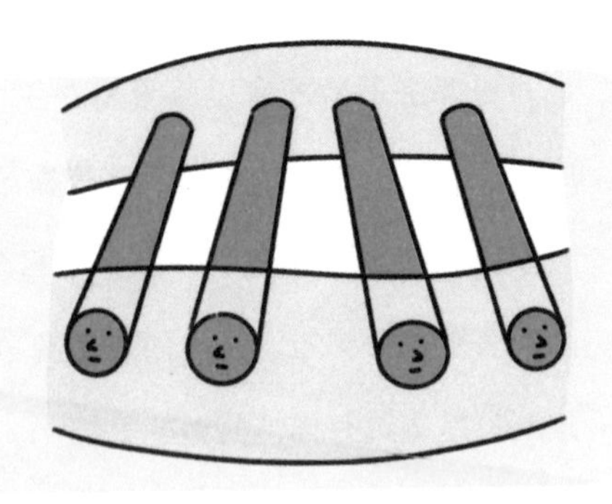

科幻小說之類的作品經常出現憑藉基因繪製出肖像畫的情節。
這種事在現實之中有可能嗎？
以下就來說明基因對於長相的影響。

基因中決定長相特徵的位置多達一萬處以上

東野圭吾的小説《白金數據》（皇冠）故事舞台是近未來的日本，擁有先進的基因分析技術。書中還出現了基因分析應用於刑案偵辦，透過遺留在犯罪現場的嫌犯毛髮等分析基因組，以電腦動畫合成出肖像畫的場景。這種方法對於沒有目擊證人的案件似乎很有幫助，但上述情節在現實生活中有可能做到嗎？

日本人和歐美人的長相很不一樣，鼻子的高低、下巴的線條、五官深淺等，從整體到局部，有各式各樣的差異。至於基因組相同的同卵雙胞胎長相則非常相似，這是因為一個人的臉某種程度上的確是由基因決定的。一般認為，臉的輪廓尤其與骨骼的生長有很大關係。事實上，英國的研究團隊就曾指出，PAX3基因與骨骼的形成有關，並影響了歐洲人的鼻子高低。另外也有研究是分析多個基因，進行整張臉的3D建模，而非只關注某種特定的基因。

但就目前而言，離透過基因組繪製出完整肖像畫似乎還很遙遠。科學家推估，決定我們每個人長相的基因個人差異多達一萬處以上，何處的基因會造成何種影響仍然是未知數。不過，近來的基因可說是突飛猛進，若是結合深度學習之類的人工智慧，透過基因組精確繪製出肖像畫的時代是有可能來臨的。

基因能多大程度重現一個人的臉？

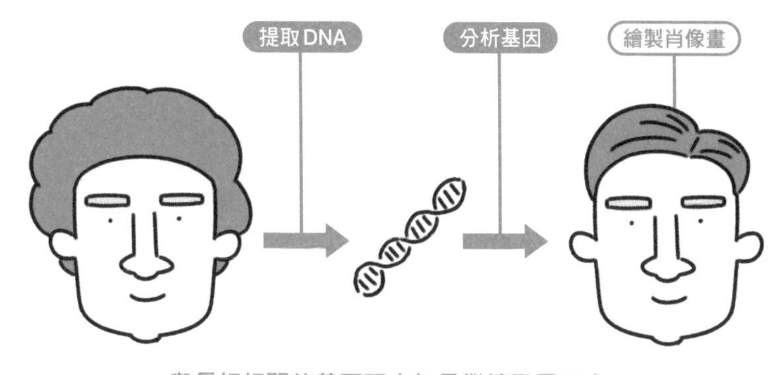

與長相相關的基因研究如果繼續發展下去，
並且徹底調查的話，未來或許能繪製出肖像畫。
但這仍舊無法得知一個人髮型、化妝、有無鬍子等。

\ 實用小MEMO /

以基因組為基礎繪製的肖像畫只是「素顏」而已，其實靠化妝就可以讓整張臉看起來大不相同，更不用說透過整形手術改變長相也不是難事。偵辦刑案可能還是要靠目擊證人協助，畫出「當下樣貌」的肖像畫比較有用。

基因分析服務可以做到什麼程度？

檢測自己的基因其實並不是一件難事，
但得到的結果或許會讓人喜憂參半。
對此該怎樣看待比較好呢？

從毅力到異位性皮膚炎、癌症風險都能查出來

檢測自己的基因在十年前大概都還是讓人無法想像的事。而且許多人應該覺得，只有做親子鑑定或刑案的DNA鑑識等才會需要檢測基因，這種事離自己很遙遠。

但近來已經在網路上就可以輕易買到基因分析工具組了。雖然價格高低不一，不過如果只是要檢測幾種基因的話，幾千圓就能買到。也有大約2萬圓的商品能檢測幾十萬處的基因個人差異，並對各種體質做出判斷。沒買過的人大概會很難想像這到底是怎樣的商品，這邊就來簡單介紹使用的步驟及結果等。順便告訴大家，我自己曾經使用過接近10家公司的基因分析服務。

工具組裡面會有用來摩擦口腔壁的棉花棒以及裝唾液用的容器，**從口腔壁的細胞及唾液中所含的細胞提取DNA以檢測基因**。檢測項目包括了耐力、BMI、毅力、異位性皮膚炎及癌症風險等，項目五花八門。舉例來說，從需要耐力的慢跑和需要瞬間爆發力的臥推之中，考慮自己要從事哪種運動時，耐力或許就可以當成做決定的參考依據。不過，這些都不是完全由單一基因決定的，因此建議當成參考就好。是否能長久維持運動習慣最大的關鍵還是在於自己的喜好，而非基因分析服務給予的建議。

另外，在疾病風險方面，也只能得知「是否容易罹患」而已，無法判定是不是一定會得病，當然也無法診斷出目前是否罹病。面對高風險疾病可以藉由養成良好習慣設法預防，降低一定程度的風險，基因分析服務則不妨當成讓自己踏出這一步的動力。

透過基因分析服務可以知道……

<分析範例>

疾病名稱	風險	結果		
2型糖尿病	0.72倍	低	平均	高
冠狀動脈疾病	1.18倍	低	平均	高
食物過敏	1.56倍	低	平均	高
項目		結果		
容易流汗與否		容易流汗	一般	不易流汗
協調性		低	稍低	一般

可以檢測出粗略的疾病風險、體質、性格傾向。
雖然基因並非決定一切的因素，但可做為採取預防措施的參考。

\ 實用小MEMO /

基因分析服務並不像遺傳性疾病那樣，會做出「某種基因會導致疾病」的結論。認定與疾病間的關係屬於「診斷」的範圍，根據醫師法規定，只有醫師能進行診斷。若要檢查是否為基因疾病，必須前往專門的醫院。

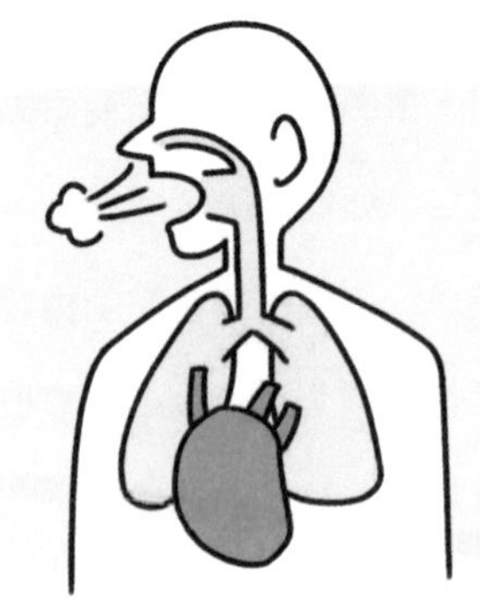

基因對人體機能有多大影響？

雖然我們覺得我們是靠自己的意志活著的，
但其實我們的生命幾乎全都仰賴基因，
而且是從出生前就開始了。

從受精那一刻起基因就產生了影響力

人類的基因約有2萬種，那麼基因對於我們的影響究竟有多大？直接講結論的話，答案是「早在我們出生前就已經有相當多基因在運作了」。這句話的意思並不是「我們的命運是由基因決定」，而是指因為有基因的運作，我們才得以順利出生，一直活到今天。

舉例來說，受精卵進行細胞分裂最早製造出來的器官是心臟，這是因為需要透過血液將氧氣及營養送往全身。製造出心臟需要NKX2.5基因、GATA4基因、TBX5基因等許多基因。在這之前的階段，受精卵為了分裂成兩個細胞，必須複製DNA。複製DNA的是一種名為DNA聚合酶的蛋白質，這也是由基因製造而成的。而基因在更上一個階段—受精的那一刻起就已經參與了生命的形成。精子前端有辨識卵子用的蛋白質IZUMO1，同樣是由基因製造而成（IZUMO是日文「出雲」的發音，由來是以求取姻緣聞名的出雲大社）。下一個單元會提到，基因（正確來說是由基因製造而成的蛋白質）會在人活著的時候持續發揮作用。

換句話說，從我們出生前到死亡為止，基因一直在運作。人死亡過後的一段時間，鬍子及頭髮還是會生長，因此可以說基因在我們死後也仍在運作。另外，特定的基因必須在正確位置正確運作，製造心臟的基因在腦部是無法發揮功用的。約2萬種基因在必要時正確發揮出作用達成巧妙的均衡，因而造就了我們的身體，並在你閱讀本書的當下這一刻也依然維持運作。

基因從受精階段起便扮演重要角色

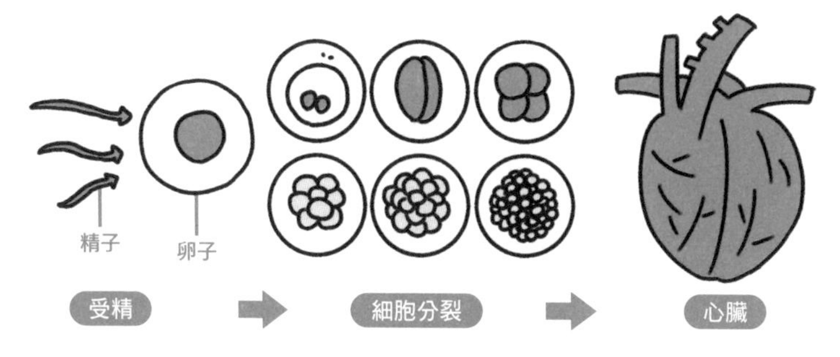

基因及由基因製造出的蛋白質在我們出生前便已發揮作用，打造我們的身體。

\ 實用小MEMO /

本文雖然提到「基因必須在正確位置正確發揮功用」，但其實所有細胞都帶有相同的遺傳訊息（基因組）。用不到的基因不會被刪除，而是做好控制避免開關打開。

人為什麼有辦法做出動作、閱讀文字？

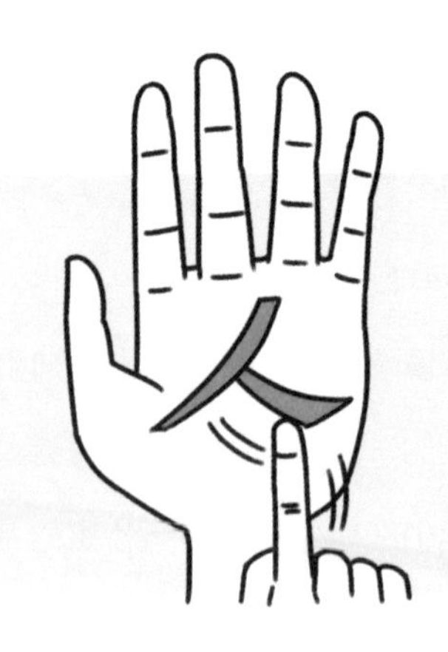

我們之所以能
不自覺地做出動作、閱讀書報，
全都是拜基因正確運作之賜。

製造出蛋白質的基因讓我們能做出動作、看見東西

前一個單元提到，基因在我們出生之前就已經開始運作。那麼在出生之後，基因又在哪些地方發揮了作用呢？

舉例來説，我們移動手腳做出動作，也需要多到數不清的蛋白質，**追溯源頭的話則是需要製造蛋白質的基因**。將手臂往內彎時，位於內側的肌肉會收縮。這種「肌肉收縮」的現象主要與肌動蛋白及肌凝蛋白這兩種蛋白質有關。肌動蛋白與肌凝蛋白都會製造出纖維狀的結構，兩者交互重疊。肌凝蛋白將肌動蛋白往內側拉扯，會使肌纖維長度變短，肌肉因而收縮。**我們能以手腳做出動作，要歸功於製造出肌動蛋白及肌凝蛋白的基因**。

用眼睛看東西也牽涉到許多基因。一種名為視蛋白的蛋白質扮演了感知光的角色。視蛋白與維生素Ａ製造而成的視黃醛合在一起會變成視紫質，存在於視網膜的細胞表面。視紫質接觸到光時，會將情報傳遞給視神經。視網膜上超過一億個細胞傳遞的情報經腦部處理後，我們才得以「看見」這個世界。當然，視神經及腦部也有許多蛋白質，但視紫質才是「視覺」的起點。

做出動作／閱讀文字的原理

【手腳做出動作的機制】

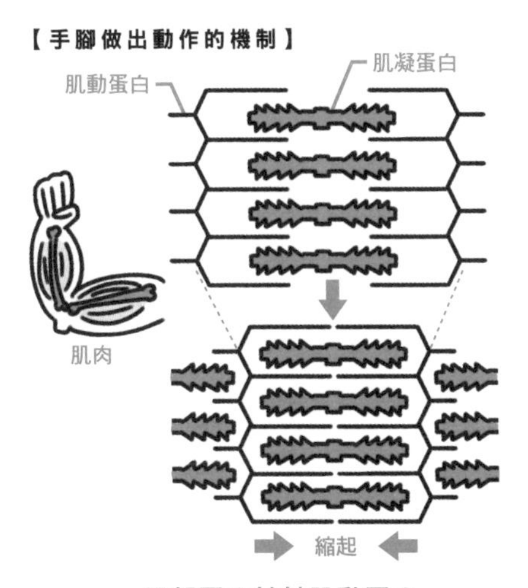

肌凝蛋白拉扯肌動蛋白，
整體長度會變短，
肌肉於是收縮。

【眼睛看見東西的機制】

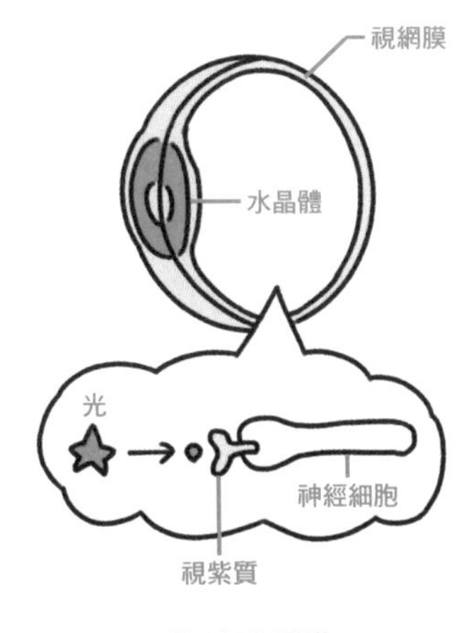

位於視網膜
神經細胞表面的視紫質
會接收光。

眼睛視如何判別顏色的？

視錐細胞分為三種，分別負責接收藍色、綠色、紅色的光（每種細胞只能接收一種光，無法同時接收兩種以上的光）。若因遺傳而造成無法接收某一種光，難以辨識色彩差異的話，便是所謂的色盲（也稱為色覺辨認障礙）。

人的感官知覺來自於基因？

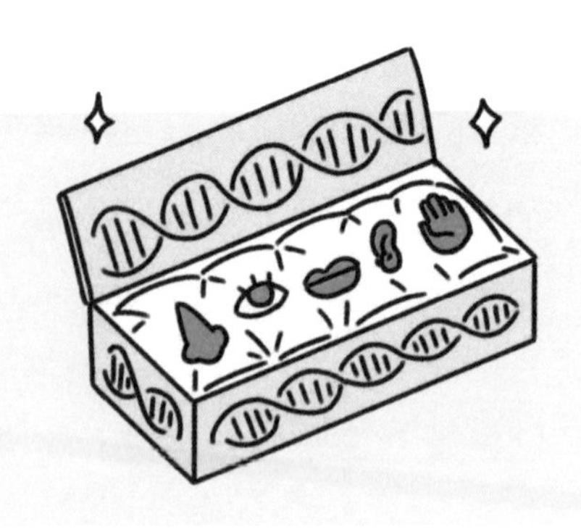

我們聞得到香味，
受傷時會覺得痛，
同樣也是基因運作正常的證據。

基因如果沒有正常運作，甚至可能使人暴露於致命的風險中

前一單元提到，我們之所以擁有視覺、能夠看東西也與基因有關。那其他的感官也一樣嗎？當然，每種感官是分別透過不同蛋白質產生的，這些蛋白質同樣是基因所製造出來。

我們的身邊充斥著各種氣味，像是食物的味道、花香、洗髮精的香味等，感知這些氣味的，同樣是基因製造的蛋白質。位於鼻子深處的神經細胞有名為「嗅覺受器」的蛋白質，當氣味成分附著於嗅覺受器，情報會傳遞至神經，然後於腦部處理，我們因而能感受到氣味。根據推測，人類有396個製造嗅覺受器的基因。另外，一種氣味成分可以附著於多個嗅覺受器。氣味成分附著於不同嗅覺受器形成的組合，讓我們得以分辨各種氣味。昆蟲的嗅覺受器位於觸角，因此是藉由觸角聞取氣味。

其他感官也與基因有關。接觸到物體時我們會有感覺，受傷的時候則會覺得痛。尤其，痛這種知覺也是一種「生命有危險」的信號。**目前已知，如果FAAH基因沒有正確運作的話，人就會無法感覺到疼痛**。有些人的FAAH基因天生就沒有正確運作，因此就算割傷、燙傷了也感覺不到疼痛。味覺、聽覺也同樣與基因有關。順帶一提，與視覺、聽覺、嗅覺、觸覺受器相關的研究獲得了諾貝爾獎。

人是透過基因製造的蛋白質（嗅覺受器）感知氣味

【感受氣味的機制】

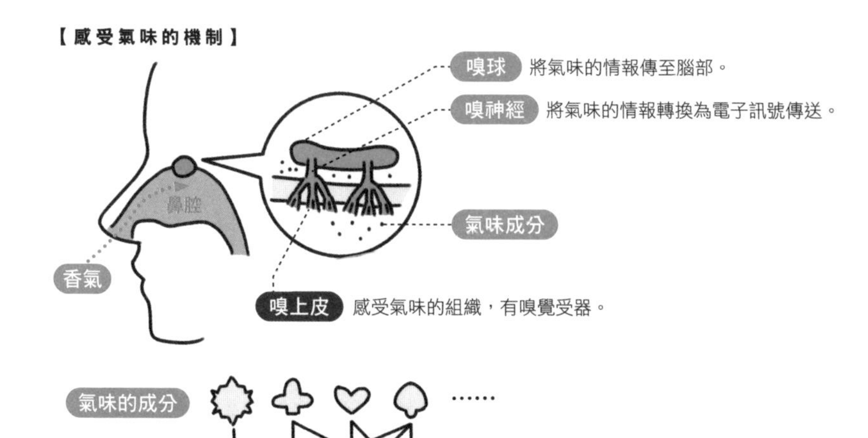

一種氣味成分能附著於多個嗅覺受器，
附著於不同嗅覺受器形成的組合讓我們得以感知氣味。

\ 實用小MEMO /

有人可能會覺得感受不到痛是好事，但要是因為割傷而大量失血的話，有可能危及生命。如果感覺不到「痛」這個代表生命有危險的信號，可以說面臨死亡的風險就更高。

運動神經會遺傳嗎？

體壇有所謂的運動員家庭，
一家都是運動選手，
這是否代表運動能力是會遺傳的？

雖然可以說會遺傳，但環境及喜好也有影響

一般人在日常對話中常會講「運動神經很好」、「運動神經不好」，這裡的運動神經大多是指身體素質及運動時的反應快慢。不過嚴格來說，學術用語中並沒有「運動神經」這個詞。由於本書關注的焦點是基因，所以本單元要來探討基因、蛋白質、細胞觀點下的運動神經。

運動神經可以想成是由**將情報由腦部傳至肌肉的神經；以及接收來自神經的情報，正確驅動肌肉（肌細胞）**兩個部分構成的。

神經細胞具有類似口袋般的構造，可以接收其他神經細胞分泌的神經傳導物質，這叫作受器。受器屬於蛋白質，因此是由基因製造而成。而肌肉則是透過肌動蛋白及肌凝蛋白兩種蛋白質相互拉扯進行收縮（➡P. 74）。神經及肌肉不是只有運動時會用到，平常走路、吃東西動嘴巴時也都會使用，這些都是讓我們活下去的必要機能。因此可以說，由「**將情報由腦部傳至肌肉的神經；以及接收來自神經的情**

報，正確驅動肌肉（肌細胞）」兩個要素構成的運動神經是由基因製造而成，換句話說，是會遺傳的。

那我們一般用來形容運動能力的好壞，口語中所說的運動神經也一樣會遺傳嗎？從雙胞胎的研究發現，雖然存在些許基因的個人差異，但在國中生社團活動以下的層級，主要影響因素是練習的多寡及個人喜好所造成的積極與否。如果父母是運動員，很有可能是因為年幼時就習慣接觸運動，並擁有父母的正確指導，所以容易有出色表現。

腦部向肌肉發出指示

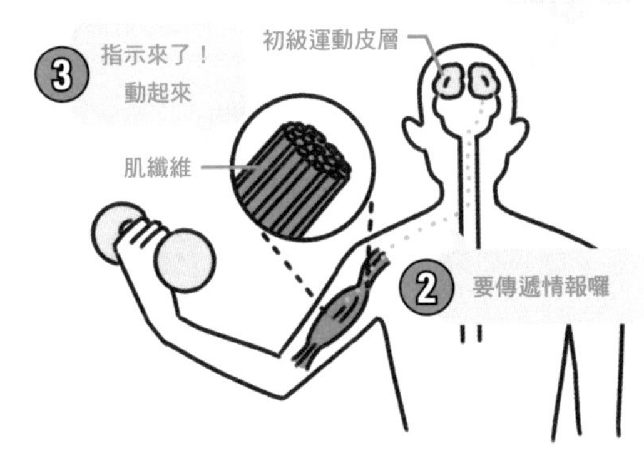

腦部產生「讓肌肉動起來」的想法，透過神經將情報傳至肌肉，於是肌肉做出動作。

基因

藝術天賦也會遺傳嗎？

相同的道理也可以套用在音樂、繪畫等藝術領域。至少在孩童時期，孩子本身是否喜歡、條件良好的外在環境對於能力的影響，更高於是否有遺傳方面的天賦。

真的有運動員特有的基因嗎？

世界級的頂尖運動員身體素質極為優異，
在我們看來就好像外星人一樣。
這其中是否有基因的影響？

雖然沒有「金牌基因」這種東西，但也不是完全沒有影響

上一個單元提到，所謂的運動神經好壞或運動白癡雖然多少和基因的影響有關，但在國中生社團活動以下的層級，個人的努力及練習多寡更加重要。不過，層級如果拉高到奧運或世界級比賽，情況就有點不同了。

肌肉其實有適合短距離跑或長距離跑的種類之分，而關鍵則是只存在於適合短距離跑的肌肉之中的蛋白質「α-輔肌動蛋白3」。α-輔肌動蛋白3蛋白質有一項重要的作用，就是維繫與肌肉收縮相關的肌動蛋白。α-輔肌動蛋白3存在個人差異，rs1815739的位置如果是「CC」或「CT」的話，就能製造出完整的α-輔肌動蛋白3蛋白質。但如果是「TT」的話，則無法製造出完整的α-輔肌動蛋白3蛋白質。科學家對參加世界級大賽的田徑選手後發現，**短距離跑者幾乎都帶有「CC」或「CT」**。日本人也呈現相同的趨勢，帶有「CC」或

「CT」的選手100公尺短跑的速度較帶有「TT」的選手快了0.22秒。

另外也有研究發現，**與血管收縮有關的ACE基因的個人差異，影響到了短距離游泳競賽（400公尺以下）的成績**。但同一項研究的結論指出，α-輔肌動蛋白3基因的個人差異與游泳競賽的成績無關。至少，「只要有某種特定基因就能拿到金牌」的金牌基因之類的東西應該是不存在的。但也可以說，我們必須承認，數種基因的搭配組合對於一個人是否能成為世界頂尖運動員有很大影響。

適合短距離跑的肌肉特有的基因

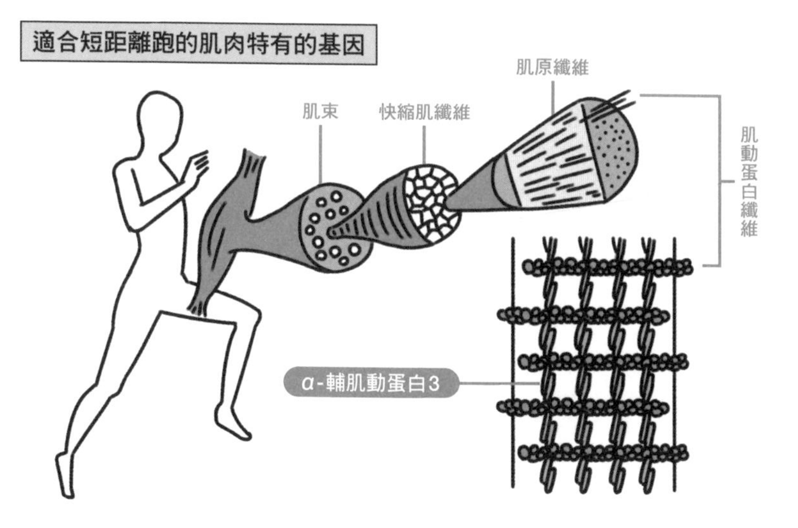

若想登上世界田徑錦標賽的舞台，
或許得要有能製造出
完整α-輔肌動蛋白3蛋白質的基因才行。

\ 實用小MEMO /

當然，在基因上有利並不代表一切，練習環境對於運動選手的影響也很大。例如，由於非洲幾乎沒有室內泳池，所以游泳選手很少。

「生理時鐘」和基因有關？

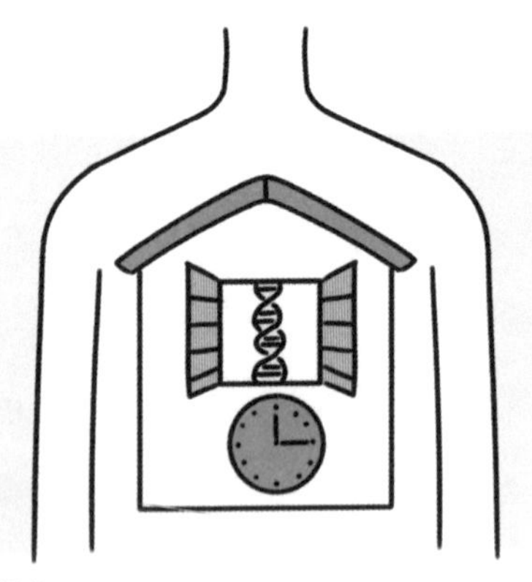

生理時鐘讓我們在早上會自然而然醒來，
到了晚上就會想睡覺，
基因與生理時鐘之間有何關係呢？

與生理時鐘有關的基因約有20個

人類在早上會自然而然醒來，晚上則會想睡覺，這是因為我們受到了「生理時鐘」的影響。人體內有以腦部為基準，24小時為一週期的時鐘系統，身體會根據這個時鐘系統的時刻醒來、入睡。曾有實驗讓人在沒有時鐘的陰暗房間內生活，發現即使這樣，參與實驗者大致上還是能建立起24小時（精準來說是比24小時稍長一點）的生活節律。由此可知，生理時鐘是會自動運作的。應該許多人都有「早上曬到太陽可以讓自己徹底清醒」的感覺，這可以理解成生理時鐘會因為光而重置。「起床後曬太陽」對生理時鐘而言就像是24小時的起點。

雖然很久以前的人就已經發現這個事實，但直到20世紀在基因研究上取得了進展以後才得知，其實生理時鐘也與基因有關。促成這項發現的，是對果蠅進行的研究。果蠅會在上午由蛹羽化為成蟲，並以24小時為週期重複外出飛行、休息（睡眠）的循環，科學家因此選擇果蠅為實驗對象，研究生理時鐘與基因的關係。結果發現，只要一個基因沒有正常發揮作用，24小時的週期就會縮短、拉長，或整個消失。該基因便以英語命名為period（也就是「週期」的意思）。

至於人類與生理時鐘有關的基因，也就是所謂的時鐘基因大約有20個，由基因製造出蛋白質的開關會以24小時為單位重複開啟、關閉。這種規則的節律帶來了早上自然醒來、晚上會想睡覺的身體變化。

生理時鐘的中樞位於腦部

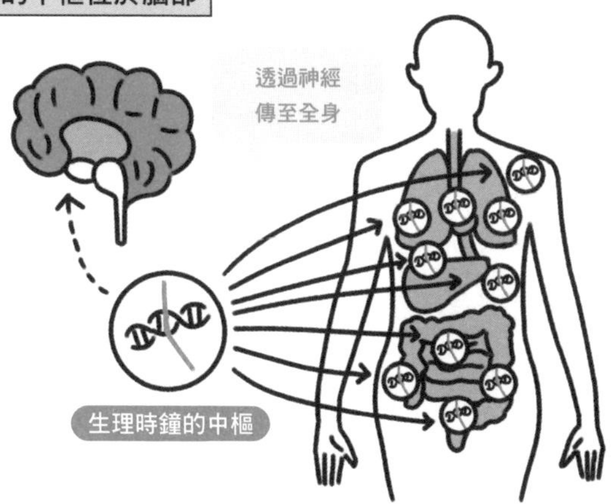

腦部的生理時鐘的時刻會透過神經等傳至全身，
替各個器官訂下24小時的節律。

\ 實用小MEMO /

地球上許多生物都有生理時鐘及時鐘基因，就連藍菌這種進行光合作用的單細胞生物都有。藍菌的時鐘基因有KaiA、KaiB、KaiC三種，由於時鐘讓人聯想到迴轉（日文發音為kai）的指針，所以命名為Kai。

為什麼不睡覺就沒辦法活下去？

每個人都需要睡眠。
為什麼人無法不睡覺呢？
睡覺和基因的關係是？

睡眠的重要性目前仍充滿謎團

有一句話叫作「不眠不休」。一天24小時中，我們大約有8小時在睡覺，在這段時間什麼事都無法做。相信應該不少人想過，要是這個時間可以拿來玩樂或工作就好了。但是到了晚上，我們就一定會想睡覺。睡眠不足或熬夜的話，身體狀況還會變差。為什麼人需要睡覺呢？

其實真正的原因目前也還不太清楚。有說法認為是為了讓腦部休息，但也有分析發現，睡眠時腦部神經細胞的活動其實幾乎沒有改變，因此「睡覺」這個行為的目的究竟為何，目前仍然沒有找到根本的答案。但「睡眠」的存在是必要的，卻是不爭的事實。就連沒有腦的水母也會有一段時間動作慢下來，就像睡著了一樣。

不過，聚焦於基因的研究正一步步逐漸揭開睡眠的祕密。例如，基因經過修改，無法製造出腦內神經傳導物質「食慾素」的小鼠（家鼠的一種），會在活動時突然睡著。這和人類的一種睡眠障礙「發作性嗜睡症」非常相似。發作性嗜睡症是會讓人在白天也突然覺得疲倦想睡的疾病，雖然還沒有方法可以根治，但目前**已有運用食慾素研究成果製造的失眠治療藥物問世**，關於睡眠的研究已經確實取得進展。

另一項已知的事實是，習慣晚睡或到了晚上還精力充沛的**「夜型人」其實也與基因的個人差異有關**。近來還發現了數十種與午睡習慣有關的基因，或許基因也可以幫助我們了解午睡的機制。

基因操控與睡眠的關係

實用小MEMO

如果一個人屬於晨型人或夜型人某種程度上與遺傳因素有關，那麼這也可以看成是一種多樣性。因此夜型人或許不需要勉強改變自己成為晨型人，不妨在不會影響到生活及工作的範圍內找出適合自己的步調。

為什麼身體會老化？

每個人都不希望變老，但卻又躲不掉。
雖然目前還不清楚老化現象的全貌，
不過這似乎也與基因有關。

細胞分裂的極限造成細胞的損傷增加、老化

人只要活著就絕對無法避免年齡增長、衰老。雖然似乎有一些方法可以減緩衰老的速度，也就是所謂的「抗老化」，但我們的身體機能終究會逐漸下降。古代許多帝王都抱有長生不老的夢想，但到了21世紀的現在，這種夢想也仍未實現，老化似乎是生物無可避免的宿命之一。

雖然目前尚未完全了解老化的原因及機制，但有一種說法認為其中的關鍵是活性氧。這種說法認為我們攝入體內的氧氣有數％會變成活性氧，而這是傷害細胞，導致老化、生活習慣病、癌症等的原因之一。但活性氧是由白血球所製造，也會用於免疫機能、感染防禦，甚至是細胞彼此間的訊息交換，因此並不是完全去除體內的活性氧就沒問題了。

另外，如果從基因或DNA層級來看，可以進行細胞分裂的次數是有極限的。DNA兩端存在「端粒」，每次細胞分裂都會造成端粒變短，當端粒消失了，便無法再進行細胞分裂。新的細胞無法製造，活性氧又不斷傷害老舊的細胞，因而加速了老化。順帶一提，癌細胞能夠活化「端粒酶」這種蛋白質，使變短的端粒長度增加，完美解決了這個問題。如此一來，不管要進行多少次細胞分裂都不是問題。因此，癌細胞的特徵之一就是能夠無限繁殖。

細胞分裂與DNA的關係

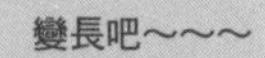

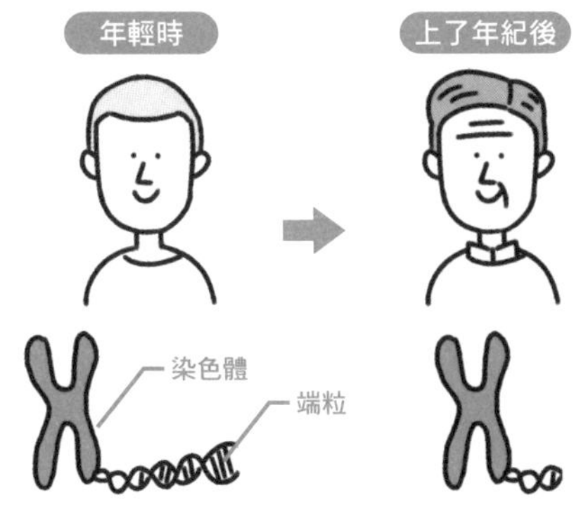

反覆進行細胞分裂後，端粒會變短，無法再細胞分裂，結果使得老舊細胞變多。

癌細胞具有讓端粒變長的能力，因此能無限分裂、繁殖。

\ 實用小MEMO /

進入21世紀後陸續有研究成果指出，使用年輕小鼠的血輸血給年老的小鼠，能讓肌肉、骨骼「回春」。如果能找出血液中的「回春成分」，即使無法達到實現長生不老的地步，說不定也能藉此延緩老化。

人體內其實有其他生物的基因？

你是不是認為，我們的身體只屬於我們自己？
但其實我們體內還有非常多帶有其他基因的生命體。
而且，少了它們的話，我們就活不下去了……。

腸道菌會帶給身體許多正面影響

你或許認為，我們的身體就只屬於自己。但事實上，我們的身體裡還有大量其他生物棲息，那就是腸道菌。根據推估，人體腸道內的腸道菌有100兆至數百兆個。人類約有37兆個細胞，因此代表腸道菌的數量是人體細胞的數倍至數十倍。若以重量來看，腸道菌的總重量約為1公斤。所以當你站上體重計時，要將顯示出來的數字減去1公斤才是你原本的體重。

腸道菌是藉由消化我們吃下的食物而活，這樣的形容或許會讓你覺得簡直是寄生在我們的體內。但科學家直到最近才發現，其實腸道菌會帶來好處。尤其是食物纖維，雖然人類無法分解，但腸道菌能夠分解。分解後的產物「短鏈脂肪酸」可改善腸道環境，具有消除便祕、提升腸道的保護機能等作用。

一般提到腸道菌時，常會以好菌、害菌的稱呼做區分。但近來的研究大多認為，不是只要留下好菌、把害菌全部清光就是好事，維持多樣性其實更重要。有五花八門的菌存在，才有辦法保護我們不受各種傳染病和疾病侵襲。

另外還有研究指出，腸道菌與肥胖、食物過敏、氣喘、心理健康也有關係。雖然目前還沒有研究透徹，但或許藉由腸道菌來治療及預防疾病這一步已經離我們不遠了。

腸道菌帶來的影響

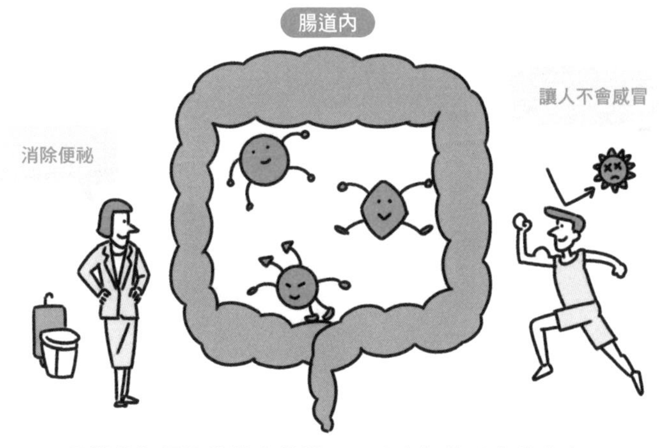

腸道菌如果能維持多樣性，同時有好菌及害菌存在，
會帶給我們許多好處。

移植糞便也可以進行治療

艱難梭菌這種細菌如果增加得太多，會造成腸發炎感染，有一種治療方法是使用含有健康者腸道菌的糞便進行移植，日本也有進行這項療法的臨床研究。

基因與

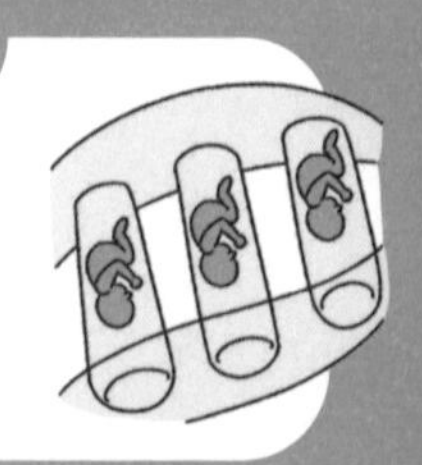

P96

隔代遺傳
是怎麼來的？

P98

同卵雙胞胎和
異卵雙胞胎的
差別是？

P104

為什麼女性的
平均壽命比較長？

P106

操控基因能讓人
得到永生？

人生

P112

嬰兒為何
不講理又愛哭？

P114

我們的人生
已經被基因決定了？

P120

憑藉一根頭髮的DNA就能
從565京人裡揪出特定對象！

女兒像爸爸，兒子像媽媽的說法是真的嗎？

女兒的長相會與爸爸相似，
兒子的長相則會與媽媽相似，
從基因的觀點來看，這種說法有根據嗎？

決定長相的基因很多，因此無法一概而論

這個問題可以先從決定性別的基因說起。決定性別的基因位於「性染色體」。染色體簡單來說，就是大量基因集合成的一個包裹，人類有46個這樣的包裹。由於染色體的外觀看起來像是一條線，因此一般都會說人類有46條染色體。另外，我們的染色體是從父親與母親雙方繼承而來，為了強調這種成對的關係，常會用「23對46條」來表達。

性染色體如同字面上的意思，是決定性別的染色體，有X與Y兩種。**若是XX的組合，性別為女性；如果是XY的組合，性別則是男性**。66頁所介紹的SRY基因便位在Y染色體的包裹中。

這裡要注意的是，男性的XY染色體中的Y是來自於父親，因此X染色體必定來自於母親。相反地，女性的染色體是XX，所以不可能從父親得到Y，一定會繼承父親的X染色體。換句話說，**兒子的X染色體是母親的，女兒的X染色體其中一方是父親的**。有幾種位於X染色體的基因會導致疾病，這類疾病與性別、遺傳有密切關係。

不過，很多與長相有關的基因是位於性染色體以外的染色體。例如，68頁所提到，與鼻子高低有關的PAX3基因就位於2號染色體。性染色體或許也有與長相有關的基因，但就整體來看其實非常些微（大概只有23分之1的影響力）。性染色體以外的染色體，同樣是一半來自父親，一半來自母親。

以結論來說，「**女兒像爸爸，兒子像媽媽**」並沒有基因方面的根據。

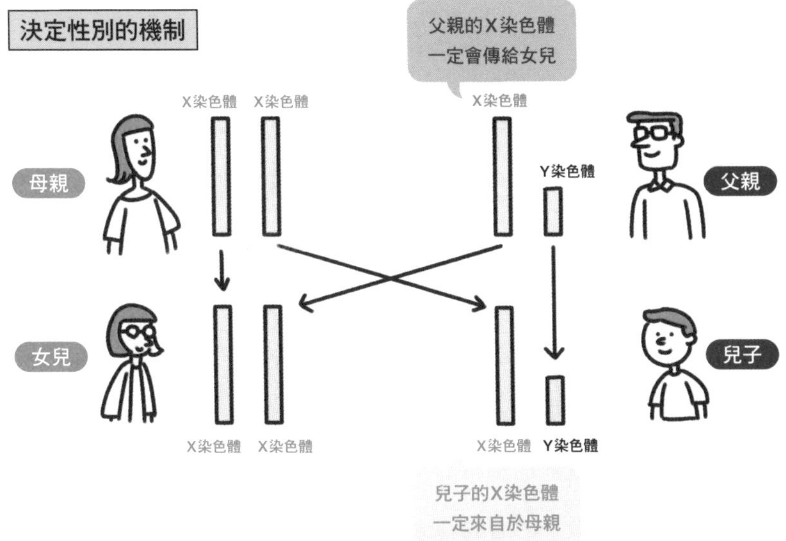

\ 實用小MEMO /

之所以會有「女兒像爸爸，兒子像媽媽」這種說法，或許是因為一般都覺得「女兒和同性別的媽媽長得像、兒子和同性別的爸爸長得像」是理所當然的事（事實上可能也的確如此），所以如果長相有某個部分剛好和父母之中性別與自己不同的那一方相似，便容易讓人感到意外，覺得「雖然性別不同卻長得很像」，因而引起討論。

親子之間其實並沒有「血脈相連」？

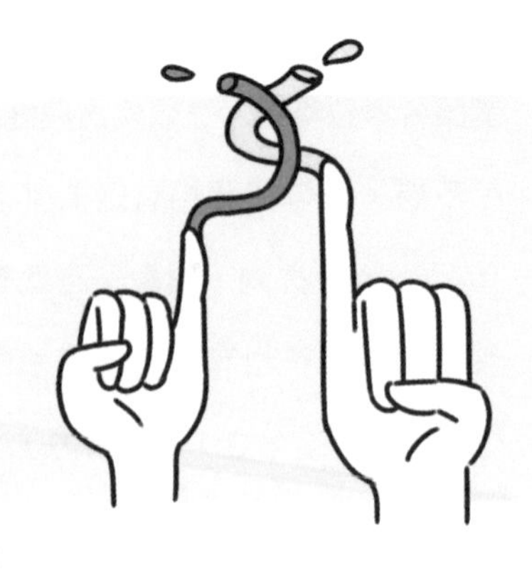

我們有時會用「血脈相連」這個說法
來形容親子之間的關係。
所謂的「血脈相連」指的是什麼？

父母身體中所流的血液並不會直接傳給小孩

敘述家人之間的關係時，我們常使用「血脈相連的親子」、「血脈相連的手足」之類的說法，這裡所說的「血」到底是什麼呢？

說到血，或是說血液，給人的印象就是「紅色的液體」。這個顏色是負責載運氧氣的紅血球的顏色。血液中另外還有負責攻擊入侵人體的細菌、病毒的白血球，以及受傷流血時與血液凝固有關的血小板等。**ABO血型系統的血型指的是紅血球表面抗原的種類，而這是由基因決定的。**48頁介紹過的HLA基因則會製造位於白血球表面的蛋白質（因此有時也會被稱為「白血球」的血型）。由於這些都是由基因所決定，因此如果以「從雙親繼承而來」的觀點來看，或許的確可以說是相連的。

但血液是否因此深受家人間的情感連結或個性影響呢？答案則是否定的。雖然日本人很喜歡用血型判斷一個人，但其他國家並沒有這種文化。如果血型和個性有關係的話，那麼這套理論應該不分國籍，在其他國家也適用。**從基因的觀點來看，血型和個性並沒有關係**（至於日本則是因為媒體一直以來都喜歡在血型及個性的關係上做文章，所以對於血型和個性的看法受到許多成見及文化上的因素影響）。雖然許多研究顯示，基因與個性中某些部分有關，但如同46頁提到的，也有許多部分與神經傳導物質存在關聯。因此，比起「血脈相連」，「**基因（基因組）相連**」的說法或許更為正確。

各種血型的抗原

	A型	B型	AB型	O型
紅血球型				
抗原（紅血球）	A抗原	B抗原	A・B抗原	無抗原

ABO血型系統表示的是紅血球表面抗原的種類。會製造出哪種抗原取決於基因。

\ 實用小MEMO /

親子在遺傳方面的連結並非一切。有些人的子女是透過收養或精子銀行等方式而來，但「家人」間最重要的其實是一起生活、親子陪伴彼此共同成長的關係。彼此的內心是否連結在一起，比遺傳方面的連結更為重要。

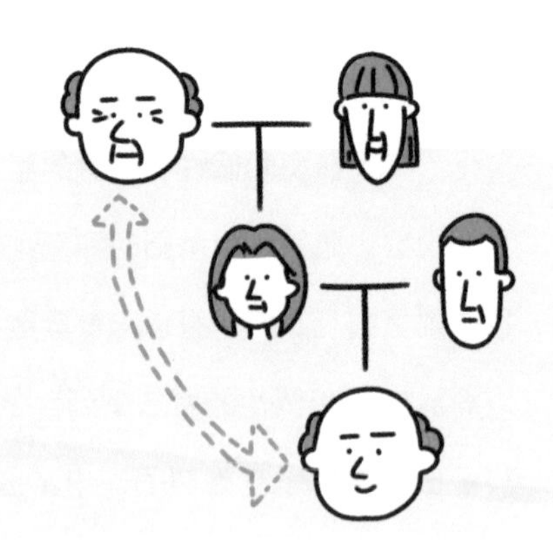

隔代遺傳是怎麼來的？

你是否遇過自己的父親沒有禿頭，
但因為外公禿頭，結果自己也禿頭的案例？
隔代遺傳真的存在嗎？

隔代遺傳可能因接收到的染色體與性別的搭配組合而出現

隔代遺傳是指某種特徵沒有出現在自己的孩子身上，而是出現在孫子那一代的現象。由於特徵在隔了一代以後才出現，所以叫隔代遺傳。如果理解遺傳的機制，就會明白這種現象的確有可能發生。

雄性激素受器（AR）基因存在與雄性禿（AGA）相關的基因個人差異。這種基因位於X染色體。首先假設，某名男性的X染色體存在容易雄性禿的AR基因個人差異。就像92頁説明過的，男性的X染色體只會傳給女兒。如果和這名男性生下女兒的女性，X染色體存在不易雄性禿的個人差異，女兒就不容易雄性禿。而當女兒生下孩子（男生）時，**若將帶有容易雄性禿的AR基因個人差異的X染色體傳給了兒子，兒子就會容易雄性禿**。只看AR基因的個人差異的話，便能發現隔代遺傳。

隔代遺傳還有一種更常見的例子，那就是ABO血型系統。舉例來說，假設祖母是O型，祖父是A型，O型是OO，A型則是AA。雙方生下來的小孩會是AO，這個組合是A型。這個小孩若與B型，組合為BO的人有了小孩，就可能出現OO的組合，血型為O型。**祖母和孫子為O型，但中間夾了一代是A型的話，也可以看成是隔代遺傳。**

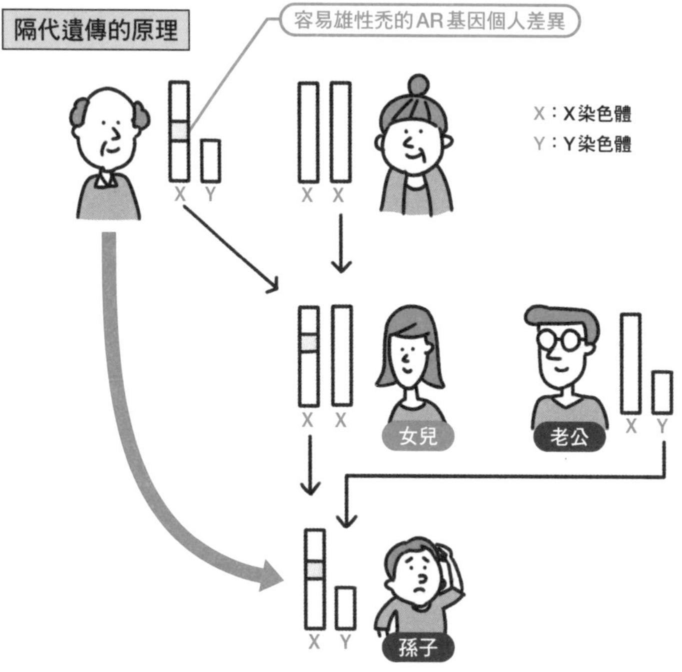

跳過孩子而出現在孫子這一代的特徵便是隔代遺傳。

\ 實用小MEMO /

事實上，雖然有研究指出AR基因的個人差異與雄性禿有關，但也有研究認為兩者之間並無關係，目前還沒有明確結論。另外，一般認為也有其他基因的個人差異與禿頭有關。壓力等外在因素同樣也會導致禿頭，因此要注意，禿頭並非就一定是隔代遺傳。

同卵雙胞胎和異卵雙胞胎的差別是？

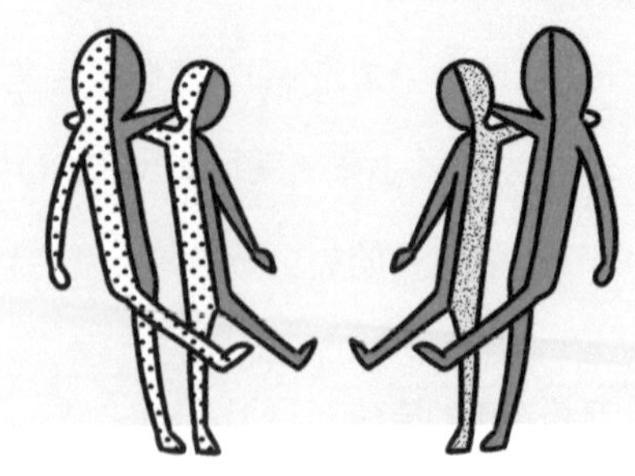

雖然同樣是雙胞胎，
但雙胞胎其實有同卵與異卵之別。
兩者之間的差別是什麼呢？

差別在於是一個或兩個受精卵

同卵雙胞胎和異卵雙胞胎的差別在於，胎兒是來自於同一個受精卵，或來自於兩顆不同的受精卵。

同卵雙胞胎是一個受精卵在細胞分裂為兩個時，兩個細胞從相連的狀態完全分離，然後分別不斷進行細胞分裂變成胎兒。雖說是分裂成兩個，但不代表大小就只有一半，還是會發育成和一般胎兒差不多的大小。由於誕生自同一個受精卵，因此所有基因，也就是基因組完全相同。所以同卵雙胞胎的長相非常相似，性別當然也一樣。就基因組相同這一點來看，正是所謂的複製生命。

而異卵雙胞胎則是子宮內剛好有兩顆卵子時，分別透過不同精子受精而生下來的雙胞胎。兩顆卵子所帶的基因組合不同，精子帶的基因也不盡相同，因此異卵雙胞胎的基因組是不一樣的，相當於只是在同一天出生的手足。就像每個手足的性別未必會一樣，所以異卵雙胞胎的性別也不一定相同。另外，長相也不會像同卵雙胞胎那樣相似。

基因研究經常選擇同卵雙胞胎與異卵雙胞胎做為調查對象。由於同卵雙胞胎的基因組相同，因此如果只有其中一方罹病的話，就可以認為該疾病是外在環境的影響所導致。另外，比較同卵雙胞胎與異卵雙胞胎時，若有項目是同卵雙胞胎較為相似，便可推測這是受到基因的影響。受基因影響最典型的例子就是長相。科學家進行比較的項目可說是五花八門，除了疾病及長相外，還包括個性、智力、藝術領域的天分等，針對各式各樣的特質展開研究。

同卵、異卵的不同

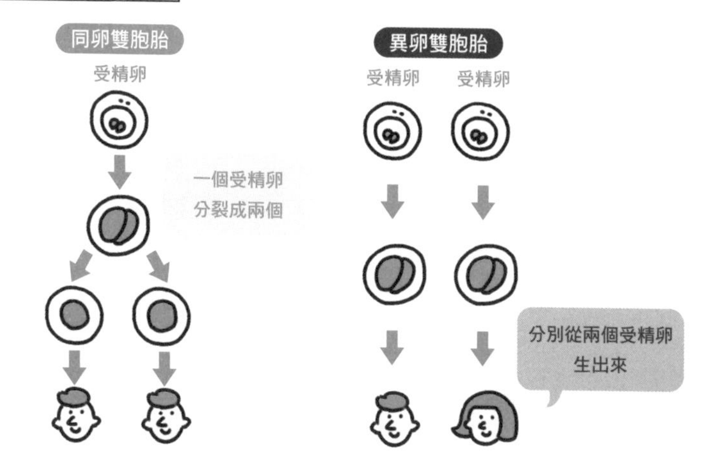

\ 實用小MEMO /

有些大學之類的研究機構其實很需要雙胞胎協助進行基因研究。對基因研究有興趣的同卵或異卵雙胞胎不妨洽詢鄰近的大學等，說不定有機會親身參與其中。

高齡生產有哪些風險？

一般常說高齡生產的風險比較高，
具體來說是怎樣的風險？
就基因來看又有哪些風險？

風險不限於女性，男性同樣也有

日本整體的結婚年齡都呈現上升，生產年齡也同樣有上升的趨勢。生產年齡如果愈高，就愈容易罹患疾病，並對母體及胎兒產生各種影響，一般是將風險升高的年齡基準訂在35歲。日本婦產科學會也將35歲以上首次懷孕、生產定義為高齡初產，因此35歲以上生產的婦女基本上應該都可以稱作高齡產婦。

高齡生產的主要風險是懷孕期間的併發症。最具代表性的是血壓從懷孕中期開始上升的妊娠高血壓，以及懷孕之後的飯後血糖值變高的妊娠糖尿病等。妊娠高血壓的發病率在未滿35歲為3.5%左右，35～39歲為5.5%，40歲以上則超過7%。妊娠高血壓最糟糕的情況將導致腦出血或死亡。另外，35歲以上的妊娠糖尿病發病率為20～24歲的8倍，30～34歲的2倍。目前已知妊娠糖尿病會引發難產及新生兒低血糖等。

35歲以上會變得不易受孕，或即使懷孕，在初期流產的風險也會增高。除了年齡增長造成卵巢及子宮的機能下降，染色體的數目錯誤也是主因之一。卵子本來應該有23條染色體，但也有可能出現帶有24條或22條染色體的卵子。在這種狀態下就算受精了，最後也幾乎都會流產。這種情形被稱為「卵子老化」。20歲時出現染色體過多或過少的機率大約是500分之1，但到了40歲會上升為66分之1。

高齡生產的問題不是只與女性有關。年齡如果愈高，精子的DNA文字也愈容易發生變化，這就是所謂的「精子老化」。雖然**目前還無法單憑基因解釋一切**，但大家還是要認知到，高齡生產存在以上風險。

卵子老化

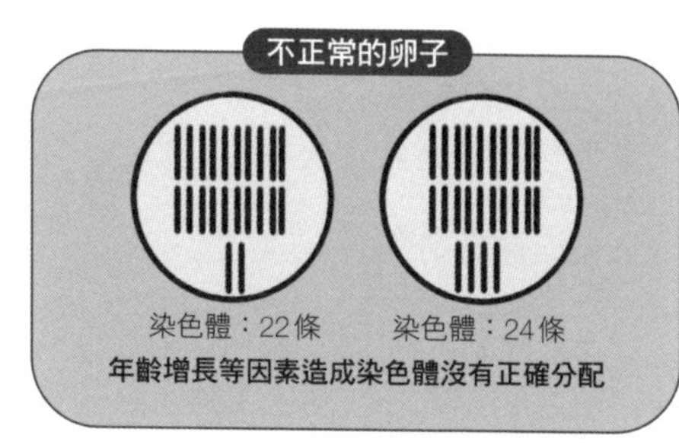

精子老化

ATCGTGCATGATATCACGCCATAGTATACAT

↓ 有1個文字不一樣（複製錯誤）

ATCGTGCATGATATCTCGCCATAGTATACAT

\ 實用小MEMO /

將卵子冷凍以便日後進行體外受精，原本是為了防止癌症患者因接受放射線治療而傷害到卵子的基因、造成不孕所採取的措施。這樣雖然能防止老化，但冷凍卵子的受孕機率並不高，對胎兒的影響也仍有許多未知之處。

天才的關鍵在基因？

頭腦聰明與否是基因決定的嗎？
如果真是這樣的話，
那是不是代表再怎麼努力也沒用？

智力基因的確存在

小學時有的人很會念書，但也有對念書一竅不通的人，有些聰明的人甚至可能被稱為「天才」。決定頭腦好壞的基因，也就是「天才基因」真的存在嗎？

科學家以雙胞胎為對象進行研究，調查各種遺傳及環境因素，試圖找出與智力有關的基因。目前已知的是，**與智力測驗成績（IQ）有關的因素中，遺傳占了一半以上**。雖然IQ高並不一定就是天才，但至少影響IQ高低的「智力基因」是存在的。

這裡要請讀者注意的是，基本上**並沒有一個智力基因就能影響IQ差距達30之多**這種事。如果真有基因具有如此強大的影響力，應該早就被找出來了。一般認為，可能是存在許多只具些微影響力的基因，彼此加乘起來透過遺傳決定了智力。例如，雖然有研究指出rs17278234這個位置與數學考試成績有關，但連同其他10處的個人差異在內，也頂多只能解釋整體成績的3%。

基因會對智力產生影響雖然是事實，但**與其怨嘆無法改變的部分，倒不如在能夠憑藉自身力量改變的部分多加努力，展現積極的態度。**不要將小孩的成績怪罪於基因，發展擅長的部分；不擅長的部分則借助參考書學習解題技巧等，不再糾結於遺傳，或許會比較好。

真的有天才基因嗎？

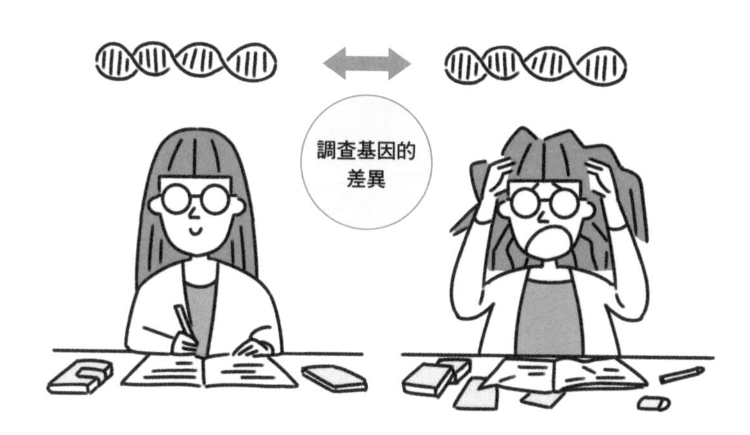

成績好壞確實與基因的個人差異有關。
但是單一基因的影響其實微乎其微，比起在意基因，
思考自己能有多少成長還更有意義。

\ 實用小MEMO /

除了遺傳以外，家庭環境也會影響IQ。如果你家中有小孩的話，打造良好的讀書環境、透過言語鼓勵提升小孩的讀書動力等，也都是有效的方法。

為什麼女性的平均壽命比較長？

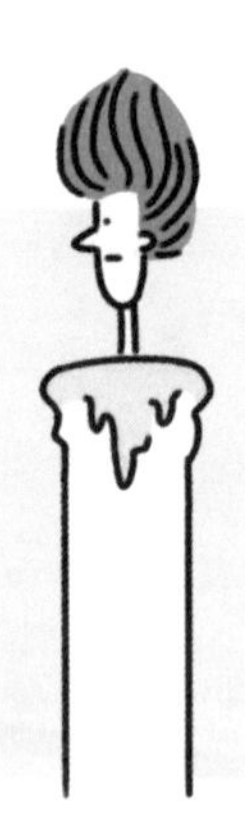

新聞報導經常提到女性的平均壽命比男性長。
為什麼女性可以活得比較久呢？
我們來看看人類以外其他動物的壽命。

不只人類，許多哺乳類也是母的比較長壽

厚生勞動省每年會公布日本人的平均壽命。講到平均壽命，你或許會想成這代表「現在還活著的人能夠活到多少歲」，但其實不是。**2020年公布的平均壽命，代表的是「2020年出生的0歲的人能夠活到多少歲」**。以女性來說，2020年公布的平均壽命（0歲的人能活到幾歲）是87.74歲，但80歲的女性還能活多少年的平均值（平均餘命）則是12.28年。

講到平均壽命的話，一定會有人好奇，為何女性的平均壽命比較長。2020年的日本人平均壽命為男性81.64歲，女性87.74歲，相差約6歲。不只是日本，根據世界衛生組織（WHO）的統計，各國都是女性的壽命多出6～8歲。

女性的壽命較長這種現象，似乎並不僅限於人類。科學家調查松鼠、海豚、大象、獅子等101種哺乳類的壽命後發現，**基本上都是母**

的壽命較長。母海豚及母獅的壽命甚至比公的多上一倍。但令人意外的是，有研究指出，兩種性別的老化速度其實是一樣的。因此，有可能是棲息地的環境，或雄性與雌性的的生存策略不同導致了壽命的差異。

以人類來說，具有降低血壓作用的雌激素是女性分泌較多，因此年輕時（停經前）罹患心血管疾病的比例較男性低。另外，女性較長壽的原因還包括了較為注重健康、比較願意去醫院等。

女性（雌性）都比較長壽

女性較為長壽似乎是所有動物的普遍現象。
以自然界來說，原因包括了兩性扮演的角色不同所造成的生存率差異等。
人類則有可能還受到了激素及健康意識的影響。

\ 實用小MEMO /

除了男女的差異外，不同動物的壽命差異也同樣令人好奇。關於這一點，有一項有趣的理論認為「哺乳類的壽命等於心臟跳動約20億次的時間」。這項類似經驗法則的理論可以說明為何心跳較慢的大象較心跳快的老鼠長壽。

操控基因能讓人得到永生？

相信每個人都曾幻想過長生不死這件事。
如果運用最先進的技術，
真有可能讓人永生嗎？

以目前的技術要達到不老不死只是空談

中國古代的秦始皇在統一天下後，為了能夠永遠穩坐皇帝大位，曾尋求長生不老的方法。不論在什麼時代，想要永遠掌握權力的統治者都曾追尋不老不死或永恆的生命。

近來的研究已經逐漸明白了老化及壽命的機制，87頁曾經提到，目前認為端粒的長度與細胞壽命有關。癌細胞則會運用使端粒變長的蛋白質「端粒酶」延長細胞的壽命，得以進行細胞分裂無限多次。如果能以人為方式控制端粒酶，或許就能讓人在沒有癌症的健康狀態下停止老化，得到永恆的生命。但人類對於老化的機制還有非常多不明瞭之處，至少在我們的有生之年，永恆的生命似乎仍舊只是夢想。

因此，探討人類的壽命或許會比較實際一些。人類的理論壽命極限有各種說法，科學上目前尚未給出明確的數字。如果根據前一個單元提到的「哺乳類的壽命等於心臟跳動約20億次的時間」這項說法來計算，假設人類一分鐘心臟跳動60次的話，大約會在63歲跳完20億次。實際上日本人的平均壽命超過了80歲，因此**醫療技術的發達等或許能延長人類的生存**。從全世界的人瑞壽命來看，115歲左右似乎是一個里程碑。而有官方紀錄佐證的最高齡人瑞，則是一位1997年時去世的122歲法國女性。

「心臟跳得慢比較長壽」是真的嗎？

老鼠的心臟跳得比較快

1年 約10億次 × 壽命約2年 ＝

大象的心臟跳得比較快

1年 約2500萬次 × 壽命約80年 ＝

心臟似乎在跳動20億次後便會停下來

\ 實用小MEMO /

若真能獲得永恆的生命，那人類還應該生小孩、養育小孩嗎？人口如果不斷增加下去，又會出現糧食問題。另外，繁衍後代會創造出新的個體，帶來演化的契機。換句話說，最早獲得永恆生命的世代，或許會面臨眼睜睜看著之後的世代演化，自己卻被拋下的悲劇。

為什麼不能近親結婚？

親子或手足之間結婚
是法律明文禁止的行為。
近親結婚為什麼會被禁止呢？

近親結婚會增加遺傳性疾病的風險

日本法律不允許親子或手足之間結婚，外國也一樣，雖然禁止結婚的親等範圍不一，但許多國家都明文禁止近親結婚，而且也不是只出於單一的原因。例如，有一項假設認為，人類對於自幼年時期開始與自己關係親密的人，在性方面會產生厭惡的心態。這項理論是芬蘭的哲學家、人類學家愛德華・韋斯特馬克於1891年提出的，因此被稱為「韋斯特馬克效應」。48頁曾提到，人會比較喜歡HLA不同的對象。如果考量到與家人以外的人生育後代能讓免疫系統更加多樣化這一點，韋斯特馬克的說法的確有道理。

另一項原因是，從基因的觀點來看，近親結婚不利於生存。由於導致疾病的基因對生存不利，因此帶有這種基因的人比例相當低。另外，要分別從雙親繼承到致病的基因才會真的罹病，所以實際上罹患遺傳性疾病的機率也相當低。然而，持續近親結婚的話，就會變成都是由帶有相同基因的人在生育後代。若其中一代帶有致病的基因，這種基因就會在家族內散布開來，最終導致後代罹患遺傳性疾病的機率增加。著名的例子就是16世紀至17世紀統治西班牙的哈布斯堡家。該家族為追求血統純正而不斷近親結婚，結果後代開始出現下巴異常突出的下顎前突症。哈布斯堡家的最後一代卡洛斯二世不僅體弱多病，還有精神疾病的症狀，38歲便去世了。由於卡洛斯二世有性功能障礙，因此哈布斯堡家的血脈便中斷在他這一代。近來的研究發現，卡洛斯二世同時患有聯合性垂體激素缺乏症與遠端腎小管性酸中毒兩種遺傳性疾病。

近親結婚的風險

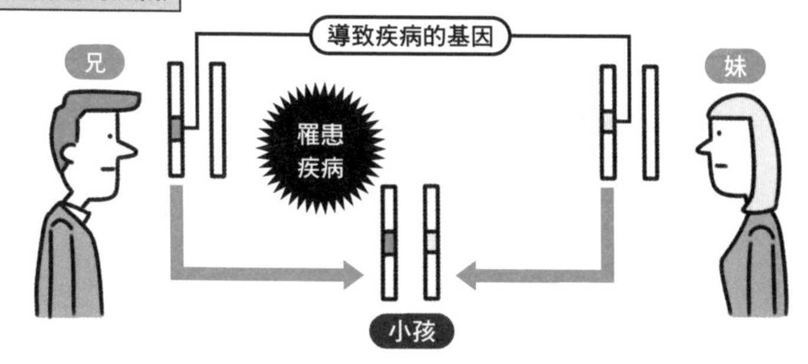

假設同時有兩個帶有顏色的部分才會罹患疾病。
雙親都只有一個帶有顏色，所以不會罹病，
但如果都傳給了小孩，小孩便會有遺傳性疾病。

\ 實用小MEMO /

相同的情況在寵物身上也看得到。非常多威爾斯柯基犬這個品種的狗都患有退化性脊髓神經病變這種遺傳性疾病，導致後腳及呼吸器官麻痺。這是因為受到媒體影響，威爾斯柯基犬成為人氣寵物，業者為了大量繁殖因而讓犬隻近親交配造成的。

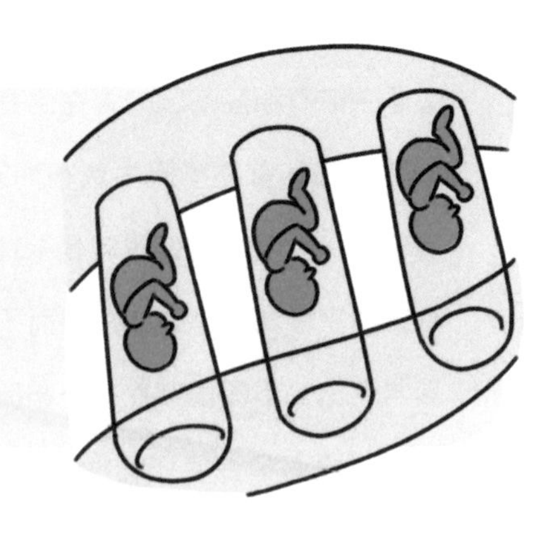

未出世嬰兒的基因是可以操控的嗎？

希望自己還沒出生的小孩身體健康，
或至少頭腦要聰明……。
父母的這些願望真有可能實現嗎？

基因組編輯雖然可行，但風險是未知數

基因雖然無法決定一切，但確實具有一定程度的影響力。而且，父母都不希望小孩繼承到遺傳性疾病之類的缺陷。為了打造出父母想要的外貌或能力，**基因在受精卵階段就接受人為操控的胎兒稱為訂製嬰兒（designer baby）或基因富翁（gene rich）**。

基因改造技術剛問世時，就已經有人提出訂製嬰兒的可能性，但據說當時**基因改造的成功機率只有100萬分之1**。基因改造雖然被用在動物或植物實驗等，能夠準備大量細胞的基礎研究上，但人類的受精卵數量則完全不夠。女性一生之中排卵的數量約為400～500個，這樣換算下來，能夠成功基因改造的受精卵幾乎是零。因此當時認為，訂製嬰兒的可能性雖然存在，但卻不切實際。

不過到了西元2000年以後，出現了基因組編輯這種不一樣的方法。尤其2020年獲得諾貝爾化學獎的主題「**CRISPR／Cas9 基因剪**

刀」將修改基因的成功率提升到了數十％之多。使用治療不孕症用的排卵藥物能得到5～10個左右的卵子，如此一來便應該有幾個可以成為成功進行基因操控的受精卵。

另外，2018年中國則出現了接受過基因組編輯的受精卵生下的雙胞胎，震驚全世界。為了避免感染引發愛滋病的HIV，因此對受精卵的CCR5基因進行了修改。但也有數據顯示，經過修改的CCR5基因感染流感病毒時死亡率會上升。CCR5基因的機能目前尚未分析透徹，這樣做的風險其實仍是未知數，訂製嬰兒在技術面上還存在許多問題有待克服。

訂製嬰兒的誕生

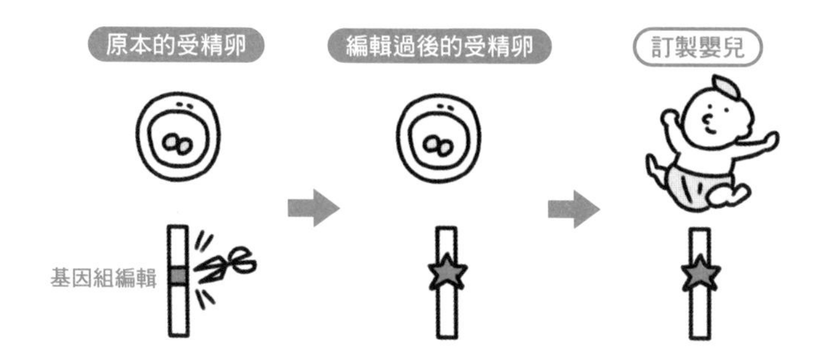

基因組編輯會刪除大量DNA!?

基因組編輯可能會連目標以外的基因也一起修改。如果是受精卵，可以做到只修改一部分細胞的基因，其他細胞維持原狀。近來則有看法指出，基因組編輯有可能造成DNA中數千個文字遭刪除。

嬰兒為何不講理又愛哭？

有帶過小孩的人應該都曾為了
嬰幼兒各種不講理的行為吃盡苦頭。
為什麼小孩都愛哭又不講理呢？

小孩哭鬧並不是故意要找麻煩

小孩子雖然可愛，但也時常無法溝通，讓人傷透腦筋。有些人或許會覺得，要是小孩子能乖乖聽話的話，帶起來一定輕鬆多了。但回顧人類演化的歷史，把時間花在照顧小孩上、小孩依賴父母似乎是無可奈何的事。

比較其他動物就會知道，人類與動物照顧小孩期間長短的差異。許多昆蟲、魚類、兩棲類、爬蟲類的動物都會保護自己的卵，但絕大多數都是在下一代孵化出來後，就放手不管了。這是因為寶寶出生時已經充分發展出生存所必要的身體條件了。但如果是鳥類的話，成鳥就必須餵食雛鳥，觀察雛鳥的狀態。原因在於雛鳥的翅膀等尚未完全發育，無法自行覓食。在有能力離巢獨自生活前，必須先接受雙親照顧一段時間。

至於哺乳類則有哺乳這項行為，幼兒對於父母的依賴程度更高，到離家獨立為止的時間也更長。尤其是人類，新生兒的身體完全不成熟，需要超過10年才會發育出第二性徵，逐漸擁有類似成人的體格。沒有任何動物像人類一樣如此長時間處在孩童階段。一般認為，由於人類的腦部特別大，在懷孕的母親體內受限於尺寸，無法長得太大，出生之後的成長也需要相當時間。

嬰幼兒的身體及智力都還不成熟，無法獨自生存。不僅不會煮飯，即使遊玩、學習，也無法自行準備所需的物品。因此對小孩子而言，能夠依靠的就只有父母。小孩子之所以任性、不講理，不是為了給父母找麻煩，而是拼命求生存的一種證明。

幼兒為何哭泣

人類要到10歲左右身體才會有完整的雛形，
因此不依賴他人的幫助無法生存。
為了活下去，就必須哭泣、喊叫引起注意。

\ 實用小MEMO /

並不是只有小孩子無法單憑自己一個人活下去。即使長大成人，周遭還是要有朋友或公司同事之類的人，人生才會快樂，也才有辦法工作。就這一點來看，人類其實永遠都是依賴他人而活的。

我們的人生已經被基因決定了？

既然基因造成的影響如此之多，
那我們的人生是不是也已經被基因決定了呢？
到底努力還有沒有用？

個性及能力會因為經驗、努力而改變

前面曾提到，基因是打造我們的身體所需的資訊，不只是身體，對體質、個性也會產生影響。知道這些事後，或許有些人的心中會湧現一種虛無感，認為「所以人生同樣也受基因影響囉？」、「只要有基因在，努力和經驗都是沒有意義的吧？」但請放心，經驗和努力並不是沒用的。人類是能夠對抗基因的控制的。

這裡要介紹的例子，是女性的飲酒傾向與遺傳之間的關係。澳洲的雙胞胎研究發現，女性的飲酒傾向與遺傳有關，並推測遺傳的影響力約為54％。但有趣的是，若年齡在30歲以下，遺傳對未婚女性有60％的影響力，但對於已婚女性的影響則降到了31％。這項數據代表，有不少人結婚、和伴侶一起生活後，改變了生活型態，降低喝酒的頻率。換句話說，就算是天生喜歡喝酒的人，想法也會因為環境的不同而改變，開始減少喝酒。

另外，日本曾進行過關於蔬菜好惡的雙胞胎研究。在幼稚園時期，遺傳對於雙胞胎女孩的影響約有74％之多；但調查其他的高中雙胞胎則發現，遺傳的影響降到了47％。相信大家應該也有小時候不喜歡吃的食物或飲料，長大之後反而變得喜歡的經驗。除了對於食物的好惡，個性、學習能力、運動能力也都有可能因為經驗或努力而發生改變。

遺傳的影響也會變化

基因的影響有可能在從小孩成長為大人的過程中出現變化。
除了味覺以外，透過經驗及努力改變個性也並非不可能。

實用小MEMO

發明「自私的基因」這個詞的英國演化生物學家、動物行為學家理查・道金斯在著作《自私的基因》中曾提到，「地球上只有我們能夠反抗自私的自我複製者（作者註：也就是基因）的專制統治。」認為人類所擁有的利他精神及熱情有機會能夠超越基因的影響力。

多樣性為何重要？

「多樣性」、「多元」這些詞在近年來十分常見，
實際上究竟是什麼意思呢？
本單元將探討為何多樣性如此重要。

否定多樣性就等於否定自己的存在

所謂的多樣性，是指在團體中有形形色色的個體。以生態系或地球環境來說，就是存在各式各樣的生物。如果是人類社會的話，則是不分種族或性別，擁有各種不同能力及特色的人聚集在一起。

為何多樣性會受到重視呢？我們可以先從細胞的多樣性來看。地球最早出現的生命，是只有一個細胞的單細胞生物。細胞集合起來變為多細胞生物，並藉由各種細胞分別扮演不同角色，得以製造出各式各樣的器官及組織。我們的身體之所以有心臟、腦、皮膚、胃、腸等，就是因為有基因負責製造這些器官。換句話說，**多樣性也可以理解為基因的多樣性**。DNA原本應該要被完美複製，但無論如何一定會發生複製錯誤。另外，紫外線或化學物質也有可能使一部分DNA產生改變。或許你會覺得這並不是好事，但正是因為這樣，基因才會變化，孕育出多樣性。**多樣性重要的原因在於，是基因孕育出了多樣性**，而多樣性也是所有生命根本的特徵。否定多樣性就相當於否定了現有的生命，乃至於已經滅絕的所有生命，也等於否定了我們的存在。

另外，即使環境發生劇變，只要地球上各式各樣的生物中能有一小部分存活下來，生命就得以延續下去。如果6600萬年前地球上的生物就只有恐龍的話，隕石撞擊帶來的地球環境劇變，恐怕已經完全毀滅地球上所有生物了吧。就是因為被視為老鼠祖先的弱小哺乳類躲避著恐龍生活，所以逃過了滅絕，也才有了現在的人類。

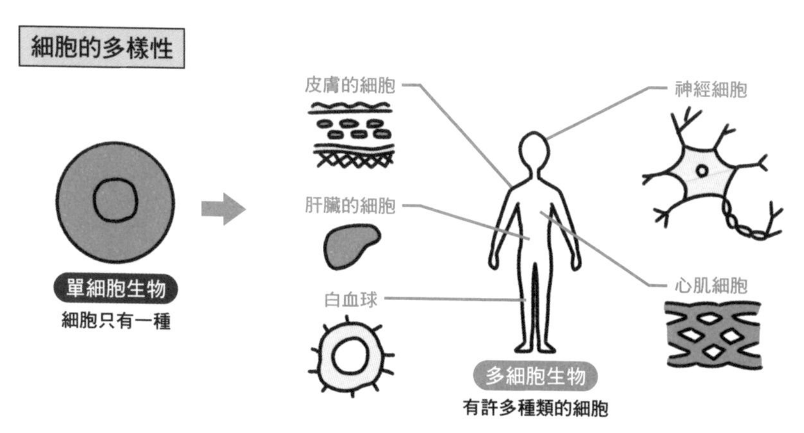

多元的細胞種類也是一種多樣性。
多樣性是生命的根源，如果沒有多樣性，現在的人類就不會存在。

\ 實用小MEMO /

如果想成是為了根據各自的個性及特色，讓每個人都得以發揮所長，應該就能了解多樣性在人類社會的重要性。單靠一個人包辦公司所有業務是不可能的事。要集合擅長業務、生產、總務、經營等不同工作的人，公司才會強大。

虐待會透過遺傳複製到下一代？

有一句話說「虐待會複製到下一代」，
這是真的嗎？
如果是真的，有可能預防嗎？

虐待基因並不存在，但壓力基因有可能會遺傳

若童年時曾遭虐待，受虐的記憶將會伴隨一生，對精神也有重大影響。即使長大成人後，人生也還是深受影響。另外，曾經遭受虐待的人在成為父母後，也有可能虐待自己的小孩，所以有一種說法是「虐待會複製到下一代」。

針對虐待是否真會複製到下一代這件事進行的各種調查所得到的結果不一，因此目前無法做出結論。東京都福祉保健局少子社會對策部2006年發表的《兒童虐待現況2》，以向兒童諮詢中心尋求協助的案例為對象，調查1040名施虐家長後發現，曾經受虐者僅有9.1％。另一方面，根據理化學研究所2019年公布的調查，25名因虐童而遭判刑的家長中，多達72％過去曾經受虐。虐待會複製到下一代這件事似乎的確是導致虐待的一部分原因。但實際上，酗酒、憂鬱症之類的精神疾病等各式各樣的因素也會造成虐待。

近來則有研究試圖透過基因找出將虐待複製到下一代的機制。但其實，虐待基因是不存在的。目前已知的是，問題似乎在於特定基因被使用的「量」。科學家在小鼠（家鼠的一種）的實驗中得知，承受了壓力的公鼠精子中，miR-34與miR-449兩種物質的量減少了。這兩種物質的作用是與特定的RNA結合，防止RNA被製成蛋白質。另外，承受壓力的幼鼠也有容易表現出不安，社會化程度不佳的傾向。換句話說，父母的壓力會遺傳給下一代。而幼鼠的精子中miR-34與miR-449的量同樣較少，連再下一代也會受到影響。目前還不清楚這兩種物質與幼鼠表現出的不安有何因果關係，不過體內的環境有可能會對行為以及與他人的溝通造成影響。

壓力是會遺傳的

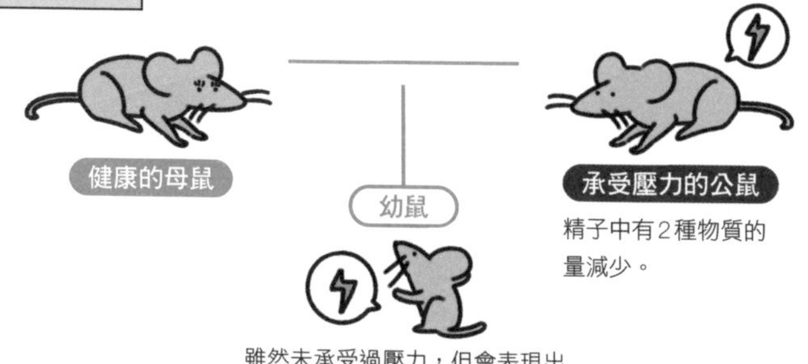

＼實用小MEMO／

就算壓力真的會遺傳，也不構成虐待的理由。而且，並不是所有曾經受虐的人在成為父母後都會虐待自己的小孩。能夠透過他人的協助、學習育兒相關知識，讓自己走出過去的傷痛，這正是人類的獨特之處。

憑藉一根頭髮的DNA就能從565京人裡揪出特定對象！

人類的基因組中，有些地方會反覆出現4個字母（TCTA），
反覆出現的次數則是因人而異。
假設犯罪現場尋獲了嫌犯的頭髮，
只要透過DNA鑑定調查反覆出現的次數，就能鎖定嫌犯。

為確認頭髮不是被害者的，
因此進行
被害者的DNA鑑定。

調查頭髮的DNA

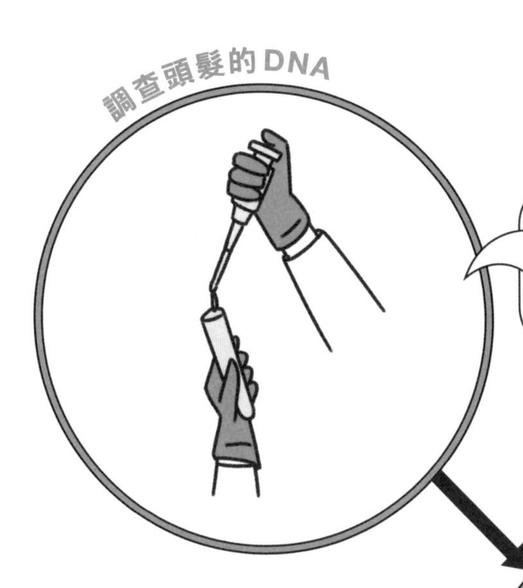

頭髮的主人

TCTA為20次

TCTATCTA...............TCTA

調查嫌疑人的DNA

目前的刑案DNA鑑定會調查21處的反覆出現次數，

將鑑定結果因巧合而出錯的機率

降低至

565京分之1

但是……

要揪出嫌犯的話還是必須採集特定對象的DNA，因此不論在哪個時代，一樣都得穩紮穩打地辦案，一步步查出嫌犯。

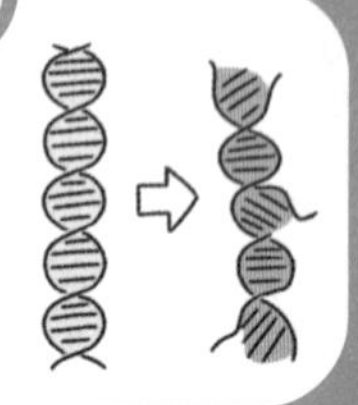

基因與

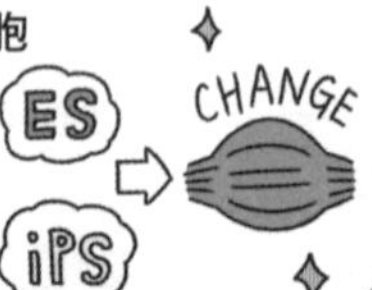

疾病

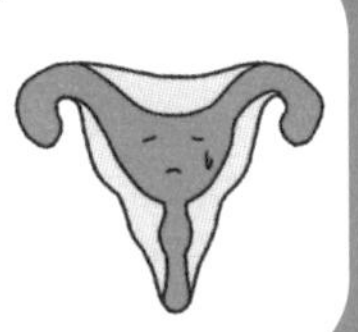

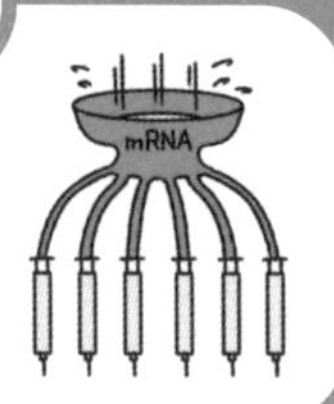

生病是怎麼一回事？

不論程度大小，每個人一定都生過病。
不過，所謂的生病到底是怎麼回事？
這個問題看似簡單，但其實並不容易回答。

健康狀態差到對生活造成了影響便是生病

世界上有各式各樣的疾病，但如果被問到「生病是什麼？」又會讓人覺得很難具體回答。用簡單一句話來說，生病就是「身體不健康的狀態」。

WHO（世界衛生組織）將健康定義為「身體面、精神面、社會面完全處在良好狀態，並非只要沒得病、身體不虛弱就叫作健康」。反過來說，生病就是「身體面、精神面、社會面未處在良好狀態」。而未處在良好狀態的意思，是指狀態差到對日常生活造成了影響。發燒會讓頭腦昏昏沉沉，無法專心工作或念書。因為生病而住院的話，會帶來精神上的不安；若連工作也成問題，則會引發社會面的不安。

那當我們生病時，身體裡面又是什麼樣的狀況呢？舉例來說，得到流感時會發高燒，但這並不是病毒本身發出的熱。人類的細胞基本上在溫度上升時會變得活躍，因此人體便刻意升高體溫，提升細胞對病毒的攻擊力。

其他疾病則會因某些機制造成細胞的機能不正常，當產生的影響讓我們感覺身體不舒服時，就會認知到自己「生病」。例如，若得了糖尿病，分解糖的激素—胰島素的分泌量會變少；癌症則是細胞失序持續增生的狀態；憂鬱症是因為壓力等因素導致神經細胞間的訊息往來出現問題所導致。

換句話說，生病也可以想成是細胞的機能不正常，或維持細胞機能正確運作的基因發生問題的狀態。

什麼是生病

身體面、精神面、社會面未處在良好狀態

感冒時會發燒是為了活化免疫細胞等。

糖尿病會造成胰島素分泌量不足，必須另外注射補充。

憂鬱症會出現神經細胞無法正常交流資訊的情形。

\ 實用小MEMO /

體溫若是過高，打造身體的蛋白質會因為熱而損壞，因此就算再高也不會超過42度。體溫計的測量範圍上限為42度，也是因為體溫本來就不可能超過42度。

藥物的效果
取決於基因？

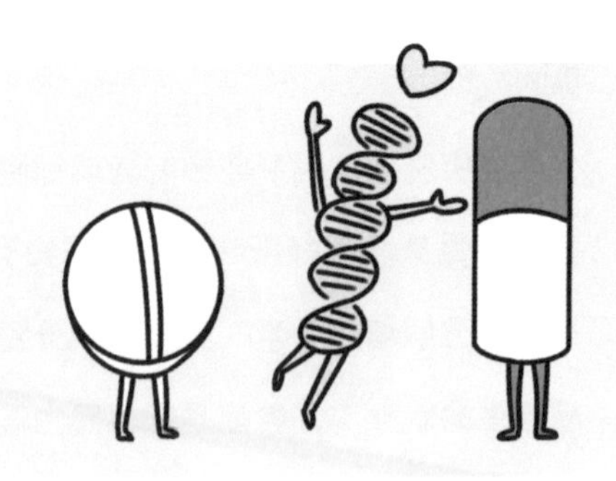

吃感冒藥或花粉症的藥時，
有的人會嗜睡，有的人則會失眠，
為什麼會有這種差異？

或許有一天會出現配合基因打造的藥物

幾乎每個人感冒或生病時，都免不了會吃藥。除了醫院、診所開的藥以外，我們有時也會自己去藥局買藥，藥物就像是我們日常生活的一部分。對於有花粉症的人而言，大概更是不能沒有藥。不過，藥物的效果及副作用則是因人而異。有的人只要吃一點就有用，但也有人吃了藥卻不容易見效。另外，有的人吃藥幾乎不會有副作用，有的人則是吃了藥馬上就想睡覺。就算服用相同劑量的同一種藥物，效果及副作用出現個人差異的情形也並不罕見。

一般認為，原因在於基因的個人差異造成了每個人分解藥物、將藥物吸收進細胞內的效率有所不同。

例如，CYP2C19這種基因會製造蛋白質分解各式各樣的藥物，消滅幽門螺旋桿菌，治療胃潰瘍、十二指腸潰瘍的藥物便是其中一種。**日本人每五人中有一人CYP2C19蛋白質的活性較低，不易分解藥**

物。相較於容易分解的人，或許可以少吃一點藥。

相同的道理也適用於抗癌藥物或治療心肌梗塞的藥物等。

雖然科學家目前研究的是醫院開立的處方用藥，但一般成藥的效果及副作用也有可能受到基因個人差異影響，而有不同程度的變化。或許在未來，我們甚至能根據自己的基因挑選藥物、決定服用量。

CYP2C19蛋白質的差異

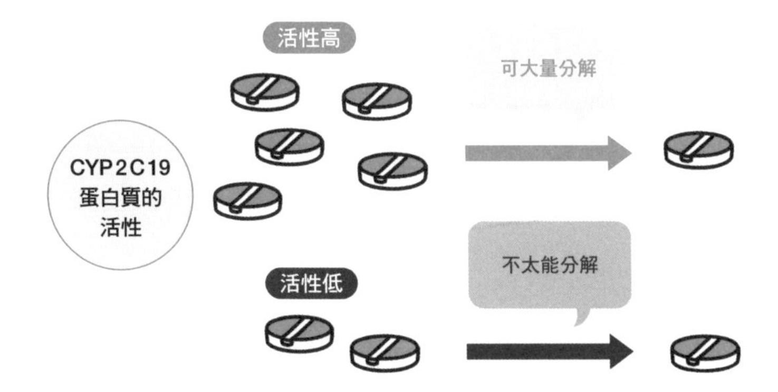

如果藥物分解到最後剩下一顆算是「剛剛好」的量，
倒推回去就可以決定該吃多少。
或許未來有一天，我們可以依據自己的基因
來決定該吃什麼藥、該吃多少。

\ 實用小MEMO /

雖然藥物的研究、開發會用到人類的培養細胞或進行動物實驗，但基本上都是在沒有基因個人差異（動物的話則是個體差異）的狀態下進行的，因此會有在研發階段難以反映人類個人差異的問題。

生活習慣病與遺傳有關？

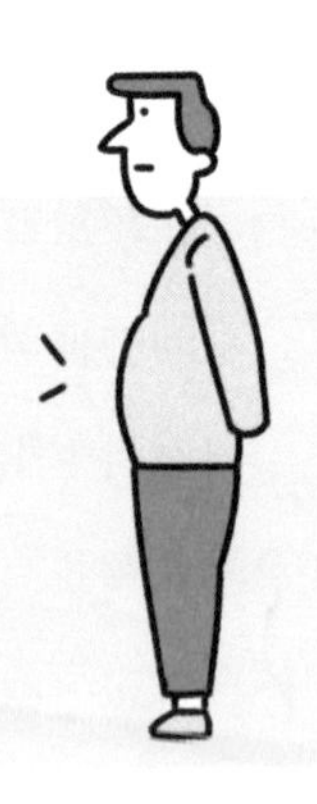

相信大家都聽過生活習慣病這個詞，
那平時會因此留意自己的健康嗎？
遺傳又是否有影響呢？

絕大多數的生活習慣病都是個人生活習慣造成的

生活習慣病是日常生活習慣所導致的各種疾病的總稱，厚生勞動省對生活習慣病的定義為「飲食習慣、運動習慣、休息、抽菸、飲酒等生活習慣與發病、病況發展有關的疾病總稱」。具體來說，包括了2型糖尿病、肥胖、大腸癌、慢性支氣管炎、動脈硬化等。

由於好發於成人，生活習慣病過去被稱為「成人病」，不過當然不是所有成人都會得。因為與飲食、運動、抽菸、飲酒關係密切，所以在1996年改稱為生活習慣病。全球性的統計發現，飲食不均容易引發糖尿病、肥胖、大腸癌；抽菸與鱗狀上皮細胞癌這種肺癌有密切關係；飲酒過量則是導致肝硬化的原因之一。生活習慣病便是像這樣因生活習慣一點一滴的累積而對身體產生影響，經由檢查或感到身體不適才真正發現。

那麼生活習慣病和基因是否有關呢？雖然沒有「某種基因一定會導

致生活習慣病」這種事，但目前已知的確有基因與「容易或不易得生活習慣病」有關。有數據顯示，在基因的個人差異（➡P.44）之中，rs2237892為CC的人罹患2型糖尿病的機率高出平均1.24倍。因此一般認為，基因對於是否容易得生活習慣病有一部分影響力。

話雖如此，**但其實可以說基因的影響並沒有多大**。針對雙胞胎進行的研究發現，2型糖尿病有26％與基因有關。換句話說，剩下的74％是受到生活習慣的影響。**與其糾結於無法改變的基因，倒不如思考如何改變生活習慣並付諸行動，更能預防生活習慣病**。

對於生活習慣病的影響（以2型糖尿病為例）

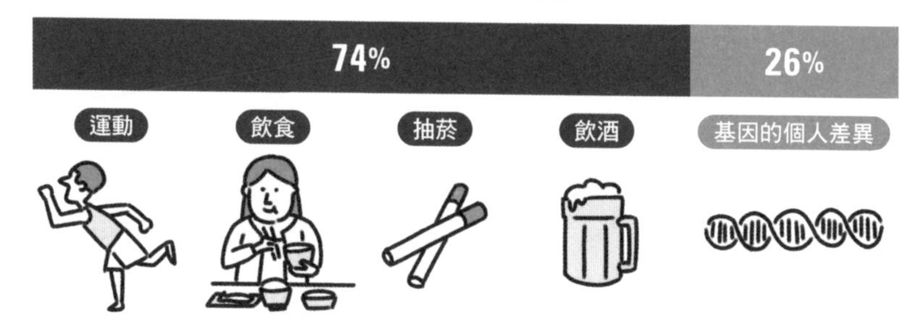

以2型糖尿病為例，基因對於生活習慣病的影響為26％。

\ 實用小MEMO /

大腸癌中有一種是基因導致的林奇氏症候群（遺傳性非瘜肉症結直腸癌），並不屬於生活習慣病。大腸癌一般的發病年齡為65歲前後，林奇氏症候群的平均發病年齡則為45歲，兩者明顯不同。

哪些疾病會遺傳？哪些不會？

遺傳性疾病正如字面上的意思，
是會遺傳的疾病。
那有哪些疾病是不會遺傳的？

細菌或病毒導致的疾病不會遺傳

遺傳性疾病指的是主要由基因所導致的疾病（正確來說，將基因打包起來的染色體如果發生變化，也有可能導致疾病）。雙親本身若帶有會導致遺傳性疾病的基因，便有可能傳給自己的孩子。亨丁頓舞蹈症便是一種遺傳性疾病。若罹患亨丁頓舞蹈症，起初會無法做出細微的動作，隨著病情加劇，走路也會變得不穩、身體不自主地做出動作。有些患者還會出現難以對事情做規劃，或難以掌握整體狀況等精神症狀。之所以會有上述症狀，是因為腦部有一部分萎縮。

科學家發現，亨丁頓舞蹈症患者的亨丁頓基因存在變化。亨丁頓基因中有一處會反複出現CAG的文字，若重複次數在26次以下並不會發病，但若超過了36次，亨丁頓蛋白便會在神經細胞內聚集，導致神經細胞無法正常運作，因而發病。這是自己再怎麼努力也無濟於事，純粹由基因所導致的遺傳性疾病。

那麼，有哪些疾病不屬於遺傳性疾病呢？最具代表性的就是前一單元介紹的生活習慣病。雖然基因對於是否容易得病稍有影響，但並不會單純因為基因的差異而得病。另外，食物中毒及病毒感染症也與基因無關。與生活習慣、環境或是細菌、病毒有關的疾病基本上都不會遺傳。

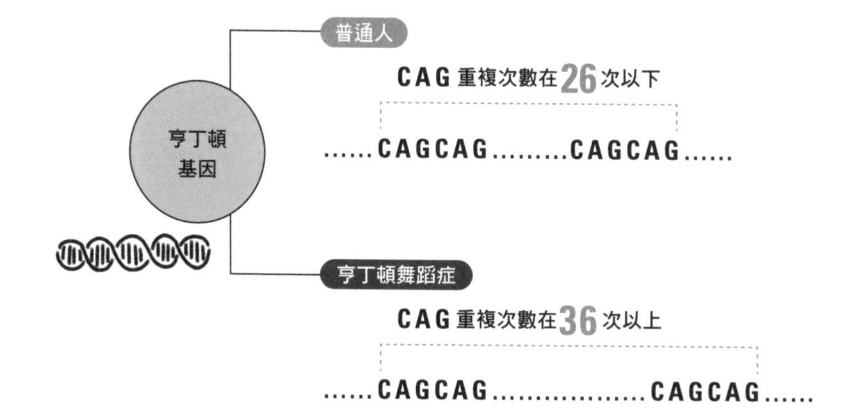

基因 Q&A

遺傳性疾病能治好嗎？

雖然有方法壓下或緩解症狀，但目前還沒有能夠根治的療法。由於原因出在基因的差異，因此科學家正在研究能夠修復基因的「基因治療」，希望找出解答。

沒被遺傳
也會得到
遺傳性疾病？

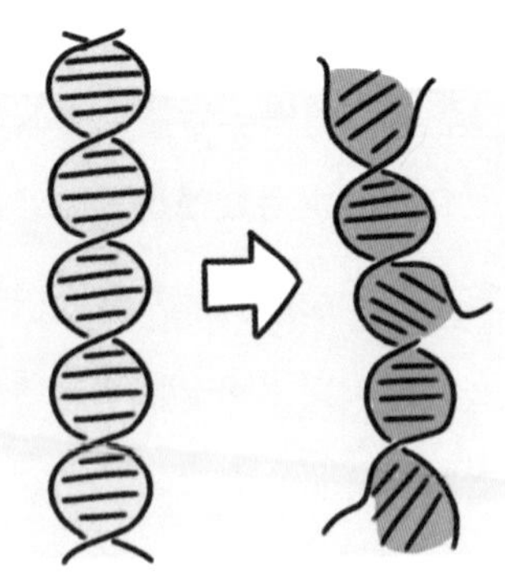

雖說遺傳性疾病是由遺傳而來，
但也有可能父母並未遺傳，卻還是得到遺傳性疾病。
這又是為什麼？

細胞分裂時的複製錯誤有可能導致遺傳性疾病

遺傳性疾病是指因基因所導致的疾病。若基因發生突變，會無法製造出正確的蛋白質。細胞沒有正常運作的最終結果，便以疾病的形式表現出來。

若按照字面上的意思解讀遺傳性疾病，代表這是會遺傳的疾病。如果自己帶有致病的基因，子女便有可能會繼承到（但基因是以2個為1組，分別來自父母雙方，自己的基因只會傳給子女一半，因此子女未必會繼承到致病的基因）。

但就算父母不帶有導致遺傳性疾病的基因，也不等於自己就絕對不會得遺傳性疾病。

我們來想像一下父母製造精子與卵子時的情形。精子和卵子一定都是透過細胞分裂製造出來的。細胞分裂時DNA也會被複製，但複製並不是完美的，一定會發生複製錯誤。如果是普通的細胞，就算發生複製錯誤，也只會淹沒在構成人體的約37兆個細胞中，複製錯誤的細胞會在幾乎沒有造成不良影響的情況下死去。但精子或卵子若發生複製錯誤，就會一起被帶到受精卵，成為胎兒所有細胞的根源。由於複製錯誤遍及所有細胞，因此複製錯誤若發生在某些特定位置，就會引發基因所導致的疾病，也就是遺傳性疾病。

精子或卵子的複製錯誤並不罕見。某項研究指出，精子的DNA平均有30處父親其他細胞所沒有的變化。

沒有遺傳卻得到遺傳性疾病的原因

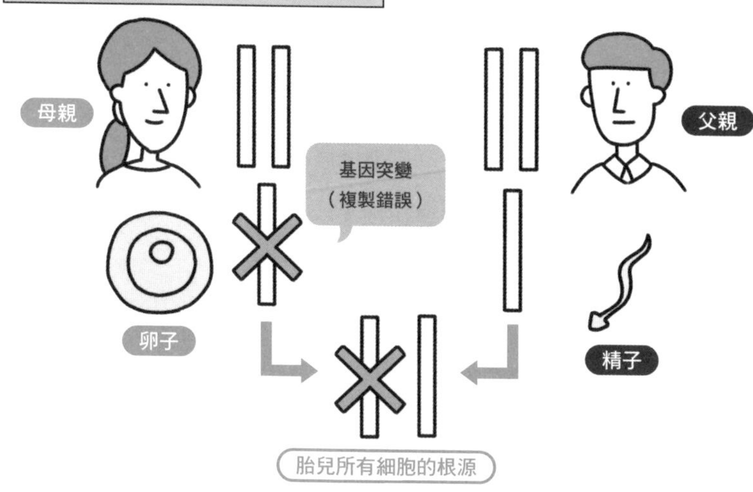

就算父母的基因沒有錯誤，但如果卵子或精子的基因突變，子女就有可得罹患遺傳性疾病。

\ 實用小MEMO /

複製錯誤其實也是製造出新的基因或蛋白質的契機。有了新的基因便代表在所有生命的歷史中，有可能誕生新的生物。換句話說，DNA的複製錯誤是促成演化的因素之一。

有辦法預防、治療遺傳性疾病嗎？

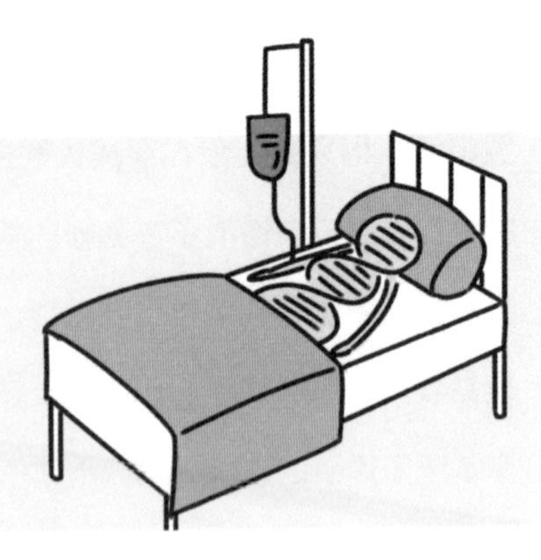

既然遺傳性疾病的原因出在基因，
那是否有辦法預防或治療？
如果可以的話，有哪些方法可以做到？

目前已在研究如何治療，但很難預防

一般生病時，通常會吃藥或擦藥緩解症狀，等待身體恢復健康。如果是細菌造成的感染，也可以靠抗菌藥物消滅細菌。那基因所導致的遺傳性疾病有方法可以治療嗎？

想要根治的話，就必須改變細胞內致病的基因。目前有極少數遺傳性疾病正透過臨床實驗逐步進行測試。

例如，有一種遺傳性疾病叫作鐮刀型紅血球疾病，患者血液中負責載運氧氣的紅血球會變為鐮刀狀（弦月形），難以載運氧氣而容易引發貧血。紅血球是由一種名為造血幹細胞的細胞製造出來的，因此科學家從患者體內取出造血幹細胞，進行基因組編輯改變基因，變得容易載運氧氣。將基因已經改變的造血幹細胞放回患者體內，能夠載運氧氣的紅血球就會增加。2020年已經展開了臨床實驗，治療進程看來相當良好。這種藉由改變基因治療疾病的療法叫作基因治療。

但要預防遺傳性疾病於未然則是相當困難的事。最有效的方法是在受精卵階段進行基因組編輯，修復致病的基因。然而，**這種方法不只能用來治療疾病，也可以強化身體及精神，因而衍生出訂製嬰兒（➡P.110）的問題**。該如何判斷基因組編輯是用於治療疾病或強化特定機能，以及如何界定、由什麼人來判斷等諸多課題目前都尚未得到答案，因此這種做法恐怕很難馬上實現。

以基因組編輯治療鐮刀型紅血球疾病

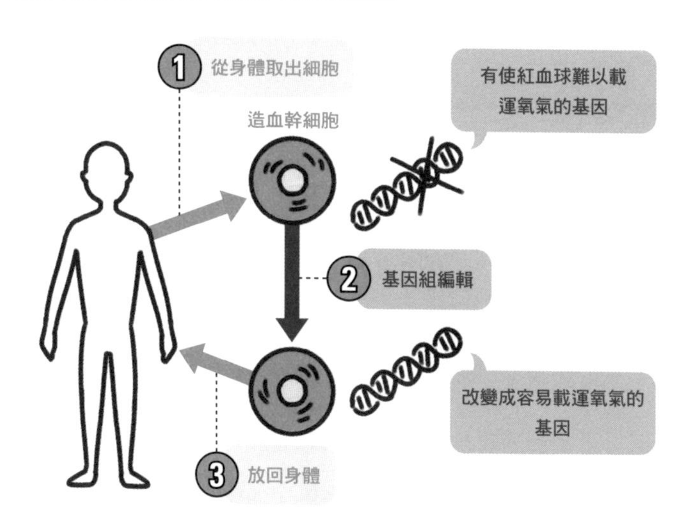

取出造血幹細胞，透過基因組編輯改變基因，然後放回體內。

實用小MEMO

治療視網膜等範圍狹小的疾病時，有一種方法是令無害的病毒感染治療範圍，藉此改變基因。

為什麼會得「癌症」？

「癌症」是日本人排名第一的死因。
為什麼人會得癌症？
有方法可以讓人不得癌症嗎？

癌症可說是基因突變造成的

根據推估，日本人每兩人之中就有一人會罹癌，每三人中就有一人因癌症死亡。不過話說回來，為什麼「癌症」會致死呢？癌細胞會失控持續增生，一開始雖然只有肉眼看不見的大小，但如果長大到被稱為腫瘤的尺寸便會壓迫到器官，使器官無法正常運作。

癌細胞並不是外來的，而是源自於原本應該構成我們身體的細胞。細胞分裂通常會受到妥善控制，以免細胞增加過多。**增加細胞的油門與防止細胞增加的煞車維持著平衡的關係**。油門與煞車的工作都是由基因負責，像是p53等基因就是負責煞車的角色。基因若是發生突變，一直踩著油門，煞車卻沒有作用的話，細胞就會不斷分裂，這種細胞就是癌細胞。**癌症可說是一種基因突變所導致的疾病**。

許多因素都會引發癌症，也就是令基因發生突變。例如，有些化學物質會與DNA結合，因而產生突變。抽菸與飲酒過量同樣是有害的因素。紫外線則會造成DNA複製錯誤，導致皮膚癌。也有癌症其實是病毒引起的，子宮頸癌便是人類乳突病毒（HPV）所導致。另外，日常的運動及飲食習慣也與罹癌風險有關。

一般認為，遠離菸酒、維持良好運動及飲食習慣能夠一定程度預防癌症，但並沒有方法能讓人不得癌症。唯一能預防癌症的方法只有針對子宮頸癌接種HPV疫苗。

導致基因突變的因素

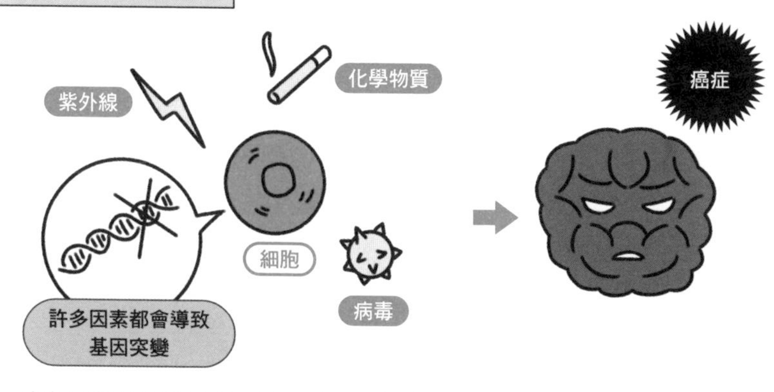

與細胞增生有關的基因若是突變，細胞便會無止盡增生，變成腫瘤。

＼實用小MEMO／

某項研究指出，能夠做到「一定程度預防」的只占所有癌症的三分之一，剩下三分之二都是DNA的複製錯誤這種「再怎麼努力也沒用」的因素所導致。因此可以說，並沒有方法能讓人絕對不會得癌症。

有會引發乳癌、卵巢癌的基因？

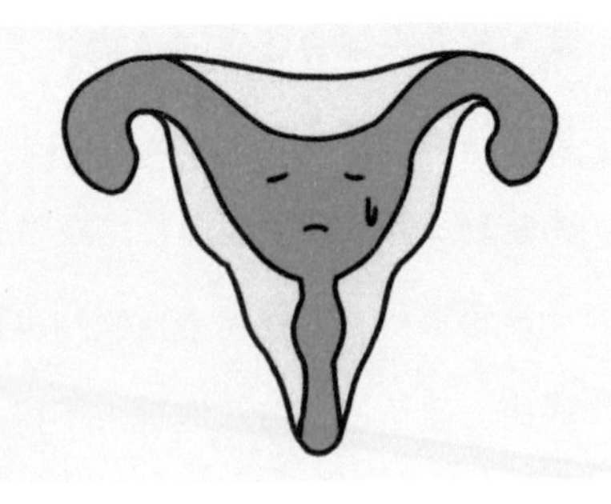

女性每11人中就有1人會罹患的乳癌
及卵巢癌常令人聞之色變，
而且某些乳癌及卵巢癌其實是會遺傳的。

乳癌、卵巢癌與BRCA1基因的突變有關

好萊塢女星安潔莉娜・裘莉2013年時透過《紐約時報》宣布，因為遺傳的關係，她有非常高的機率罹患乳癌，因此決定預防性切除乳房，而且後來還也進行了摘除卵巢的手術。

裘莉的母親因罹患卵巢癌，年僅56歲便去世，而她在檢測自己的基因後發現，自己帶有容易罹患乳癌、卵巢癌的基因。

讓人容易罹患乳癌、卵巢癌的基因是BRCA1基因。這種基因若發生突變，一生中約有九成機率罹患乳癌，罹患卵巢癌的機率則是五成。裘莉的母親恐怕就是有這樣的基因突變。與此相似的基因BRCA2同樣會大幅增加罹患乳癌、卵巢癌的風險。另外，「母親遺傳給自己」也代表了「自己會遺傳給下一代」。換句話說，卵子也有可能發生相同的基因突變，並傳給下一代。

這種遺傳性乳癌的特徵包括了「不到40歲時就會發病」、「不只一位親戚得到乳癌、卵巢癌」、「一側乳房發病後，另一側乳房也會發病」等。當自己符合這些特徵時，不妨檢測自己的基因，透過檢查判斷是否為遺傳性乳癌。另外，男性的BRCA1基因突變的話，會增加罹患攝護腺癌的風險，因此這並非只是女性的問題。

容易罹患乳癌、卵巢癌的基因

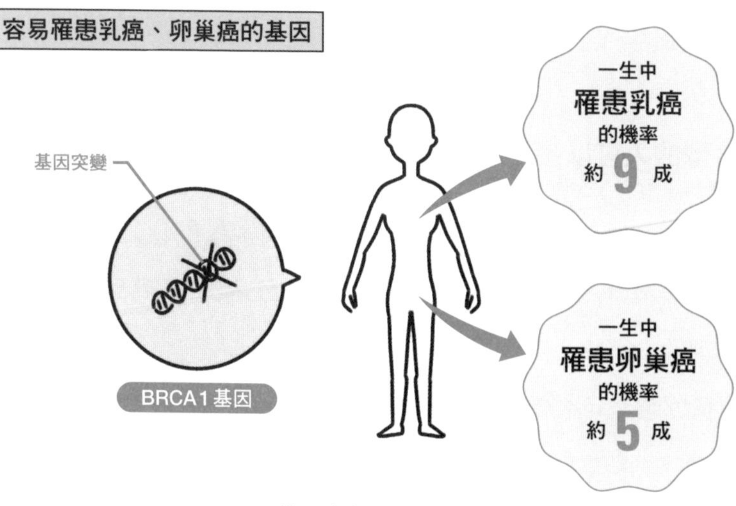

BRCA1基因會藉由修復因紫外線或化學物質損傷的DNA，抑制細胞癌化。BRCA1基因若是突變而失去作用，就會容易罹患乳癌及卵巢癌。

\ 實用小MEMO /

在懷疑自己得的是遺傳性乳癌，進行基因檢測前，建議先進行充分的基因諮詢。原因在於，一旦涉及遺傳，這個問題勢必會牽連到父母、手足、子女等。

為什麼同血型可以互相輸血？

我們都知道血液有不同的型，
那血型到底是什麼呢？
為何輸血時一定要先知道血型？

AB型的人可以接受所有血型輸血

我們平時所說的A型、B型等血型，正式名稱為「ABO血型系統」。這是依照負責在血液中載運氧氣的細胞，也就是紅血球表面的「抗原」種類所做的區分。

血型的發現可追溯至1900年。奧地利維也納大學的病理學家卡爾・蘭德施泰納觀察到，將某個人的血清（血液去除了紅血球及白血球的清澈部分）與不同人的紅血球混合後，會出現紅血球凝結與不凝結的差別，因而發現血液有不同的型。血型有A型、B型、O型、AB型四種，A型的紅血球表面有A抗原，B型有B抗原，O型兩者皆無，而AB型則是A、B兩種抗原皆有。另外，A型的血清中有B抗體，會與B抗原結合，凝結紅血球。若將B型的血輸給A型的人，A型血液內的B抗體就會對B型血紅血球的B抗原起反應，輸進體內的血球會凝結，使人陷入休克。因此，輸血的時候基本上輸的都是同血型的血。

另外，**AB型的人原則上可以接受所有血型輸血**。AB型的血清沒有會與自身的A抗原、B抗原起反應的A抗體或B抗體，因此無論接受哪個血型輸血，都不會發生凝結反應。同樣的道理，**O型的紅血球表面沒有A抗原也沒有B抗原，不會發生凝結反應，因此可以輸血給每種血型**。不過實際上在醫療第一線，輸血前一定會檢查血型，只有在血型一致時才進行輸血。

血型不同的話會輸血失敗

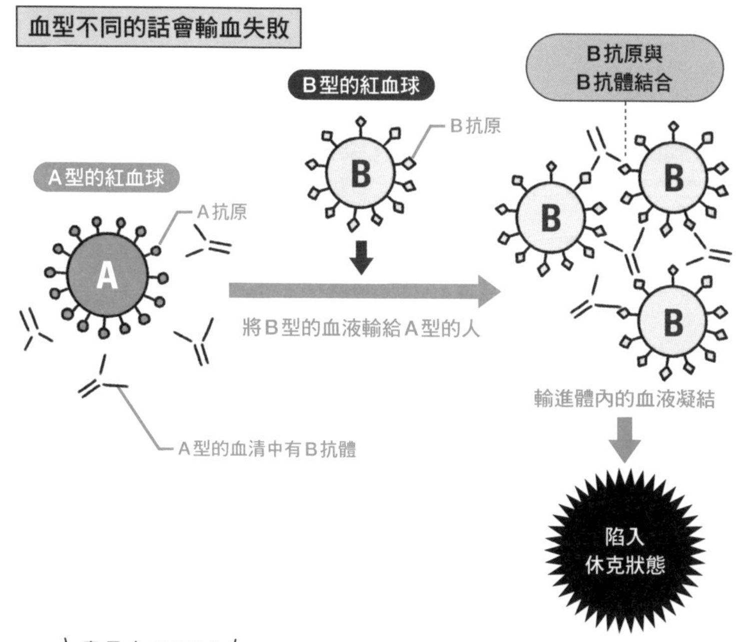

實用小MEMO

紅血球的血型分類不是只有ABO血型系統一種，Rh血型也是常見的分類方式。紅血球表面有D抗原的話屬於Rh（＋），沒有D抗原的話則為Rh（－）。輸血時主要是確認ABO血型系統與Rh血型的組合。

產前檢查
有哪些項目？

懷孕時父母最在意的
就是肚子裡的寶寶是否健康。
孕婦一般做的產前檢查包括了哪些項目呢？

透過母體的血液可以調查是否有染色體異常

孕婦都會定期到婦產科接受檢查，檢查時醫生會透過超音波查看孕婦肚子裡的胎兒，這種超音波檢查就是產前檢查的項目之一。

產前檢查就是在寶寶出生前，也就是還在媽媽肚子裡時確認有無疾病所進行的檢查。大家印象中或許會覺得超音波檢查看的是寶寶的成長狀況，但其實醫生是透過超音波仔細觀察寶寶的心臟是否正常運作、外觀有無異常、有無疾病等。

進行超音波檢查時若懷疑有異常，可以透過羊膜穿刺做進一步確認。子宮內的胎兒周圍充滿了羊水，羊水之中也含有胎兒的細胞。抽出羊水檢查胎兒細胞內的染色體及基因，可以判斷胎兒是否有疾病。但羊膜穿刺約有0.3％的機率造成流產，因此通常是在超音波照到可疑之處時才會做。

另外，日本在2013年出現了有別於以往的新型產前檢查，正式名稱為「母血產前遺傳學檢查」，簡稱NIPT。這種檢查運用了母親血液中含有寶寶DNA片段的特性，分析染色體有無異常。雖然目前只能查出三種染色體的異常（13號、18號、21號），但在技術上也能分析性染色體判斷性別。未來技術更成熟後，或許還能取得其他疾病或與基因有關的運動能力、個性等各種情報。

產前檢查項目範例

	超音波斷層法（超音波）	新型產前檢查（NIPT）	羊膜穿刺
方法	以超音波照射腹部	抽血	以針刺入腹部，抽出羊水與細胞
可得知…	寶寶的外觀	3種染色體的異常	染色體異常及遺傳性疾病
特徵	●安全 ●懷孕初期即可檢查	●安全 ●精確 ●懷孕初期即可檢查	●可確定有無疾病 ●有流產風險（0.3%）

＼實用小MEMO／

產前檢查並不是「為了確認寶寶健康、沒生病」所做的檢查。每對父母都應該先想好，若得知寶寶有病的話該如何處理。這類問題，或甚至該不該接受檢查等，都可以事先徵詢具備遺傳相關專業知識的臨床遺傳醫師或有證照的遺傳諮商師。

病毒是生物
還是無生物？

由於肉眼看不見病毒，因此很難察覺病毒的存在。
「病毒不是生物」這種說法時有所聞，
那到底生物是什麼呢？

「生物」是由「是否具有細胞」來判斷

現今的生物學將生物定義為「具有細胞者」，因此病毒不被視為生物。以下將依序說明如此認定的原因。

昆蟲及植物是「活的」，水泥及石頭「不是生物」，這些事情我們都可以直觀地理解，但所謂的「活的」究竟是什麼意思？有的人可能會認為「會隨時間流逝而變化的東西」就是活的。但以整個地球來看，自然環境時時刻刻都在變化，但很難因此認為地球是生物（雖然我們經常形容地球是有生命的）。

自古以來，不只是科學家，哲學家也十分苦惱該如何定義什麼叫作「活的」。另外，比起科學，社會及文化對於「活的」與「死的」之間的差別影響更大。日本將「醫師開立死亡證明」或「提出死亡申報」視為一個人的死亡。科學應該要無論何時何地都能夠適用，因此科學無法決定什麼是「活的」、什麼是「死的」。

現今的生物學針對「生物」進行思考後，認為生物是指具有細胞者。至於細胞的定義則是，同時具備「以膜區分出內外」、「能夠自行自我複製」、「會進行受到控制的化學反應以維持內部環境」三項條件的物質。病毒無法憑藉自身力量自我複製，只能進到其他細胞之中增加數量，因此病毒不具有細胞，也就不是生物。但定義如果改變了，就會得出不同的結論。假設加上「可以借助其他細胞的力量」這項條件的話，病毒便屬於細胞，算是生物。

細胞須符合三項條件

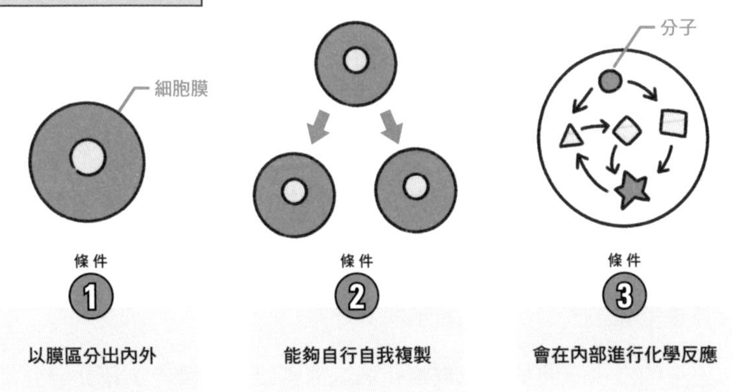

具有細胞才算是生物，
因此不符合以上三項條件的病毒不被視作生物。

\ 實用小 MEMO /

「人活著」與「細胞活著」是不同層級的兩件事。人就算死了，還是會有一部分細胞活著。死去的人鬍子還會生長不是因為這個人還沒死，而是細胞使用了殘存於體內的物質或能量，仍在持續活動。

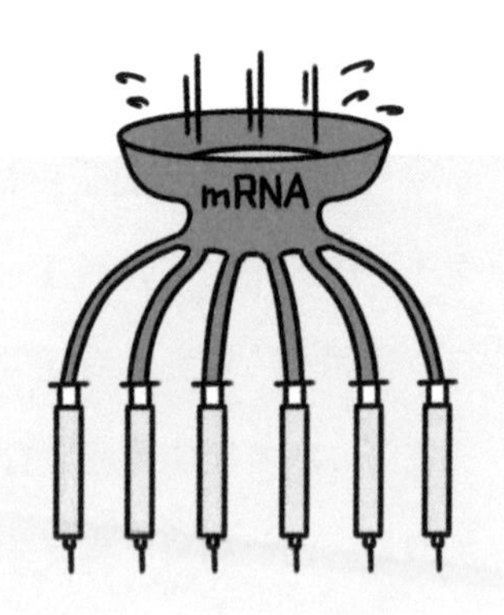

mRNA疫苗
是什麼？

為預防新型冠狀病毒所開發出來的疫苗中，
有一類是mRNA（信使RNA）疫苗。
這種疫苗和過去的疫苗有何不同？

在體內製造出病原體的蛋白質，以得到抗體、免疫

疫苗的原理是讓免疫細胞事先記住引發疾病的細菌或病毒（病原體）的特徵，以便在病原體真正入侵時能夠迅速消滅。大家對於德國麻疹疫苗或流感疫苗應該都很熟悉，不過新型冠狀病毒的mRNA疫苗在原理上與過去的疫苗稍有不同。

過去的疫苗是將弱化或無毒化的病原體接種到體內，藉此讓免疫細胞記住。麻疹、德國麻疹疫苗及卡介苗是弱化的病原體製成的疫苗，流感及日本腦炎疫苗使用的則是無毒化的病原體。還有一種方法是使用病原體一部分的蛋白質或只使用包覆病原體的外側部分。前者的例子包括了百日咳及破傷風疫苗，HPV疫苗（所謂的子宮頸癌疫苗）則屬於後者。

至於**mRNA疫苗接種的是製造蛋白質時的設計圖──mRNA，藉此在體內製造出病原體的蛋白質**。所有生物都有DNA這種做菜用的食譜，複製於mRNA就像是將食譜抄寫到筆記本上，然後準備出相當於食材的蛋白質做成料理。**過去的疫苗使用的是蛋白質，而mRNA疫苗接種的則是蛋白質上一個階段的mRNA。**

一般認為，由於合成mRNA並不困難，因此就算出現了新的病原體，在疫苗研發上也能很快做出因應。

在新型冠狀病毒出現以前，mRNA疫苗就已經在動物實驗中得到實證。而在人類方面，目前已知mRNA疫苗能夠大幅降低重症與死亡風險，並有一定程度預防發病、感染的效果。在以新型冠狀病毒疫苗踏出第一步後，mRNA疫苗的製造商目前正在針對HIV、瘧疾等其他病原體研發疫苗。

mRNA疫苗

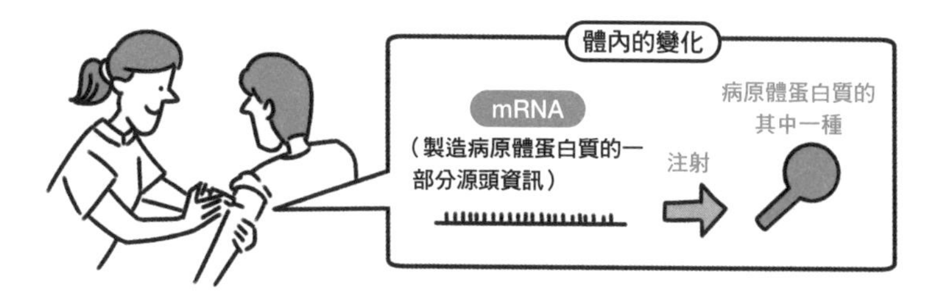

透過接種mRNA疫苗在體內製造出蛋白質，可對病原體產生抗體，獲得免疫力。

＼實用小MEMO／

阿斯特捷利康（AZ）疫苗有別於mRNA疫苗，屬於病毒載體疫苗，是在無害的病毒中放入新型冠狀病毒的基因，刻意形成感染。在由基因製造出蛋白質這一點上則與mRNA疫苗相似。

ES細胞與iPS細胞如何用於再生醫療？

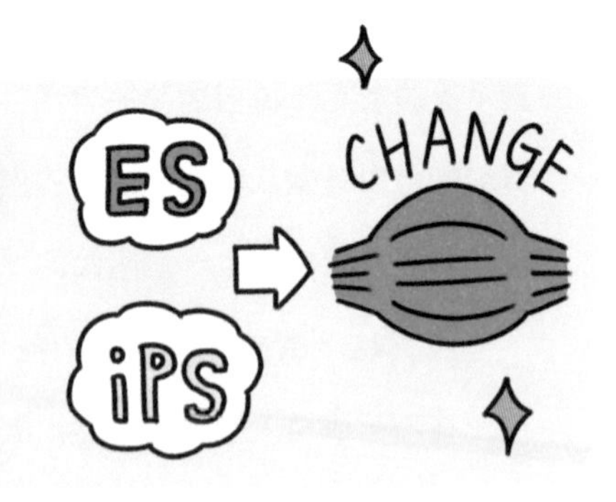

由於ES細胞及iPS細胞可以形成任何細胞，
因此在再生醫療上的應用備受期待。
本單元將介紹具體的應用範例。

ES細胞及iPS細胞可幫助神經或心臟受損的病患

ES細胞與iPS細胞可以變化成除了胎盤以外的絕大多數細胞。以人類來說，ES細胞是從受精約五天後的細胞中取出所製成的，這種細胞是來自於不孕治療中無法再使用的受精卵。ES細胞的正式名稱為胚胎幹細胞，之所以這樣稱呼是因為細胞來自於尚未發展成嬰兒的胚胎。iPS細胞則是從已經發育的人類細胞中取出，再放進數個基因製造而成，正式名稱是誘導性多能幹細胞或人工誘導多能幹細胞，是以人為方式放入外來的基因。

ES細胞及iPS細胞都可以變化為神經細胞、心肌、血液等許多種類的細胞。**將使用ES細胞或iPS細胞製成的細胞移植給神經或心臟受損、無法運作的病患，藉此恢復神經及心臟等器官功能的醫療方式便叫作再生醫療。**

科學家目前已針對數種疾病進行細胞移植的臨床實驗。國立成育醫療研究中心曾進行實驗，將使用ES細胞製成的肝臟細胞移植給患有先天性疾病「先天性尿素循環代謝異常」的胎兒。另外也進行了使用iPS細胞製造出視網膜色素上皮細胞片，移植給老年性黃斑部病變患者的臨床實驗。

但並不是所有疾病或受傷都能藉由再生醫療治癒。由於細胞十分敏感脆弱、處理難度高，使得治療費用相當昂貴。雖然參與臨床實驗的患者不需負擔費用，但若要適用於健保，會帶給政府沉重負擔，或許得開發出能壓低價格的技術才有望普及。

ES細胞與iPS細胞的不同

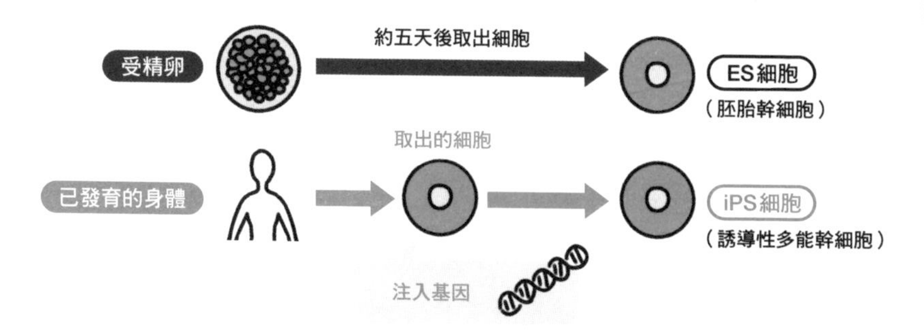

ES細胞是從受精約五天的受精卵取出的細胞。
iPS細胞則是在從人體取出的細胞中放入數種基因製造出來的。

\ 實用小MEMO /

ES細胞及iPS細胞的用途並不是只有再生醫療。使用取自遺傳性疾病患者的iPS細胞製造出神經細胞等，有助於細胞性質之類的研究，而且不用對患者的身體直接進行檢測。另外也可以使用於確認藥物效果的細胞實驗。

豬的器官真的可以移植給人類？

再生醫療的一大目標是製造出能夠移植的器官，
有一種方法是在豬的體內進行製造，
這真的能做到嗎？

使用iPS細胞的話，在豬的體內也能製造出人類的器官

當某種器官已經完全喪失功能時，可以用移植他人器官的方式來治療。但願意提供器官的人（捐贈者）長期以來一直不足，而且免疫類型不一致的話會出現排斥反應，因此目前仍有許多病患在等待器官移植。

解決方法之一是使用ES細胞或iPS細胞（➡P. 148）做出縮小版的器官，然後大量移植。科學家目前已經成功製造出縮小版的肝臟、腎臟等器官，持續進行這方面的研究。

另一種目前正在研究方法則是在豬的體內製造出整個器官，然後直接移植給病患。這種方法首先會改造豬的基因，使豬無法製造腎臟，並使用該豬隻的受精卵。接著是在受精數天後，放入人類的iPS細胞等。由於豬無法製造腎臟，因此人類的iPS細胞就像是扮演替代角色般負責製造腎臟。選擇使用豬是因為豬的器官大小和人類的差不多。

也有科學家使用相同方法進行研究，在實驗大鼠體內製造小鼠的胰臟，並取一部分移植給患有糖尿病的小鼠，結果症狀得到了改善。雖然這種方法應該還需要相當長的時間才有辦法實用化，但對於日本超過30萬名的洗腎患者而言或許是一項福音。

從豬移植器官給人類

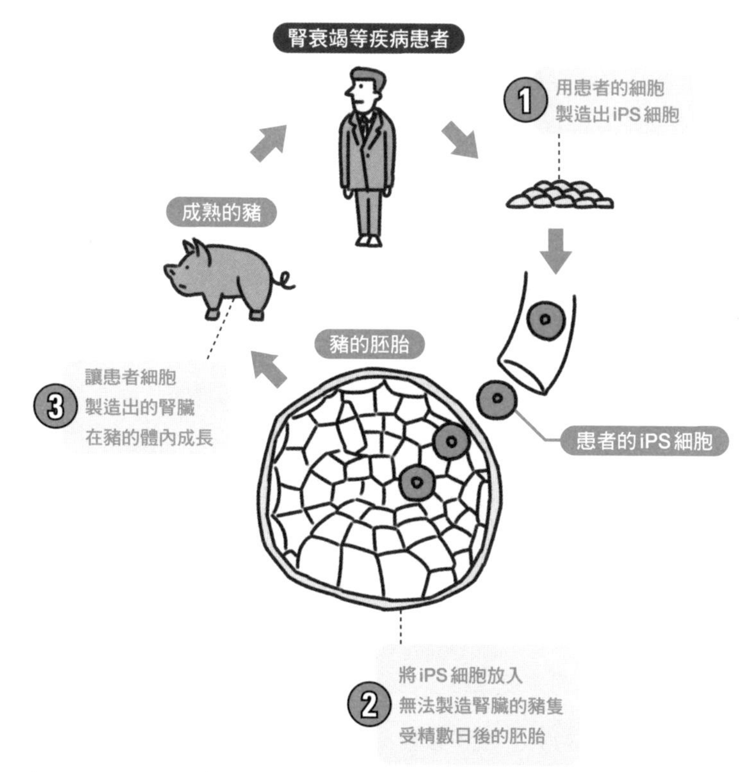

\ 實用小MEMO /

目前還有研究使用類似的方法讓豬隻製造血液，若是能成功，可望在因為災害等而需要大量輸血時況成為穩定的供應源。

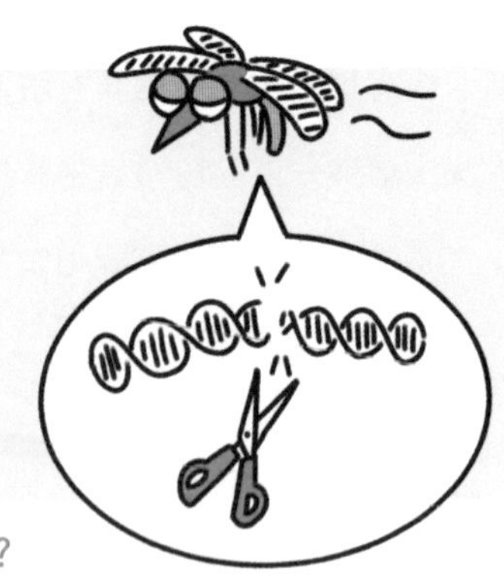

基因組編輯
可以消滅透過蚊子
傳染的疾病？

地球上造成最多人類死亡的動物是什麼？
答案不是人類也不是熊，而是蚊子。
正確來說，是蚊子傳染的疾病。

目前正在進行讓所有蚊子變成單一性別的計畫

蚊子在日本頂多只是因為會在夏天叮人而被討厭，但如果以全世界來看，蚊子是一種會傳染致命疾病的可怕動物。尤其在非洲，瘧疾是很常見的傳染病。當蚊子體內有瘧原蟲這種寄生蟲時，瘧原蟲便會透過蚊子叮咬侵入人體，引發瘧疾。瘧疾每年造成全世界約40萬人死亡，是一種可怕的傳染病。另外，2015年前後巴西等地曾經流行茲卡病毒感染症，這種疾病的媒介同樣是蚊子。茲卡病毒感染症雖然不會致死，但孕婦若是感染，有可能會生下重度障礙的胎兒。

以藥物治療或開發疫苗雖然也是方法，不過也有一種觀點認為，只要沒有蚊子這種媒介，就不會感染瘧疾或茲卡病毒了。除了使用殺蟲劑將蚊子一網打盡外，科學家目前也正開發運用基因技術的新方法。這種方法使用的是基因組編輯的技術，**將能夠進行基因組編輯的基因放入蚊子的DNA中，使得蚊子的後代必定會繼承到特定基因**。在一般狀況下，父母的基因傳給子女的機率是50%，這種方法則能做到100%。例如，若放入一定會變為公蚊的基因，生下來的就一定會是公蚊。蚊子最終會因為全部都是公的，無法繁衍後代而滅絕，這種方法叫作「基因驅動」。

基因驅動的室內實驗雖然已經成功，但在被隔離的島嶼上進行的戶外實驗並不順利，目前仍舊是前途多舛。不過，以運用基因驅動消滅瘧疾為目標的「Target Malaria」計畫已得到了微軟創辦人比爾・蓋茲出資，因此基因驅動仍舊是一項深受矚目的技術。

將基因驅動用於蚊子

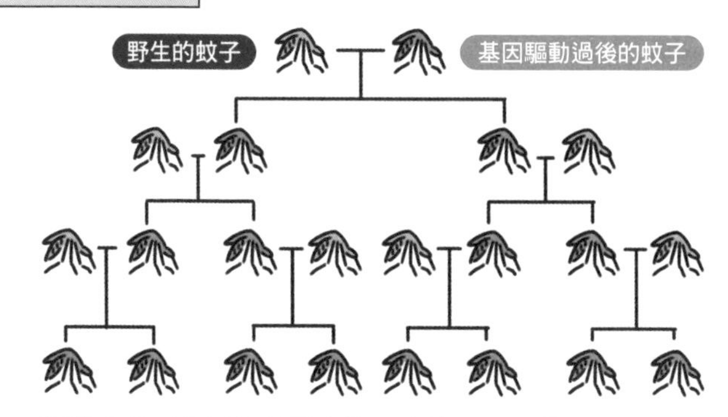

對帶有基因組編輯所需之基因的蚊子進行基因組編輯，
讓後代一定會繼承到編輯過的基因，
最後就會變成所有蚊子都帶有編輯過的基因。

\ 實用小MEMO /

但其實人類並不完全了解生態系，而且考量到生物多樣性的話，很難說讓蚊子滅絕是否真的是好事。此外，如果改造出能夠製造毒素危害人體的蚊子，這就成了一種生物兵器，因此目前仍存在管制的必要性等許多課題。

基因研究
會如何改變
未來的醫療？

基因研究若有進一步的發展，未來治療疾病時
將能配合癌細胞的基因差異或基因的個人差異進行調整，
這就是所謂的「個人化醫療」。

未來有機會出現量身打造的醫療方式

基因研究讓癌症治療出現了重大改變。某些抗癌藥物具有阻止DNA複製的作用。由於癌細胞容易吸收周圍的物質，因此癌細胞內抗癌藥物的濃度會上升，更容易發揮作用。但正常的細胞同樣會吸收抗癌藥物，所以正常細胞也會受到傷害。例如，進行化療可能導致毛髮脫落，就是因為製造頭髮的細胞會積極進行細胞分裂及物質的吸收，受到了抗癌藥物的影響，細胞就容易損傷。

近來則出現了透過不同作用對抗癌症的藥物。首先，癌症是因為與細胞分裂有關的基因突變而來（➡**P.136**）。檢測癌細胞是哪裡的基因發生突變，並且有藥物能夠精確針對該處基因製造出的蛋白質發揮作用的話，就能只攻擊癌細胞而不會傷害到正常細胞。例如，有些肺腺癌的原因是EGFR基因突變，有些則是ALK基因突變所造成。EGFR基因製造的蛋白質會發送促使細胞增生的信號。針對EGFR基因突變，蛋白質因而不斷發出細胞增生指令的狀況，若藉由藥物停下指令，就能達到只攻擊癌細胞的目的。像在使用「吉非替尼（商品名：艾瑞莎）」這種藥物前，就會檢查癌細胞的基因，確認EGFR基因是否有突變。

目前已有這類聚焦於癌細胞基因的新藥問世，科學家也正開發更有效的治療方法。另外，藥物的效果也有可能受到基因的個人差異影響（➡**P.126**）。著眼於基因的差異，配合患者量身打造的醫療方式被稱為「個人化醫療」。基因研究的進步可望讓個人化醫療在未來得以實現。

根據基因特性進行治療

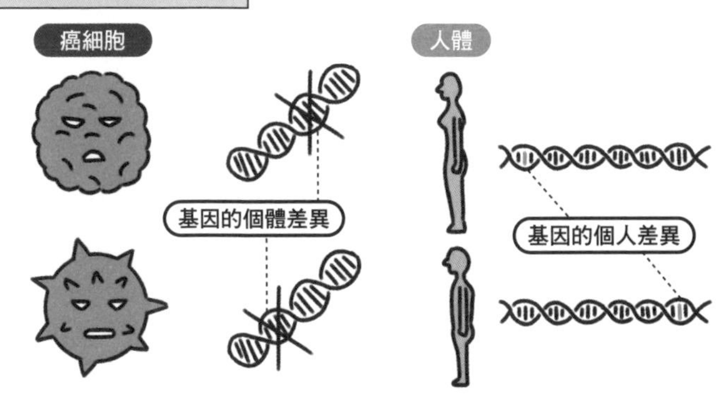

我們未來或許有機會接受根據基因特性量身打造的個人化醫療。

\ 實用小MEMO /

過去的抗癌藥物治療是根據癌細胞的所在位置，選擇要使用何種藥物。近來則會檢測癌細胞的基因，根據基因的不同決定用藥。另外，目前也已開發出只需要抽血就能檢測癌細胞基因的技術。

P158

不同品種的
蔬菜或水果
有哪裡不一樣？

P160

從基因
可以看出偽造產地？

透過基因認識

P170

食物也有
「跟基因合不合得來」
之分？

P172

基因改造食品
是如何產生的？

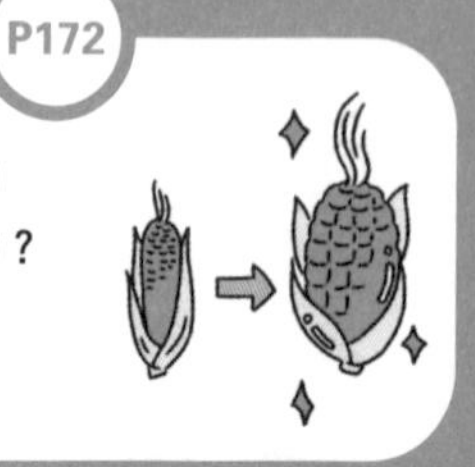

食物的奧祕

不同品種的蔬菜或水果有哪裡不一樣？

去超市逛一圈就會發現，
相同的蔬菜或水果有時會有好幾種品種。
品種到底是什麼呢？

基因的品種不同產生了口感等差異

同樣是馬鈴薯，但市面上有May Queen、男爵、北明等不同品種。光是超市看得到的就約有15種品種，用於零食、薯條等加工食品的品種約有7種，加工成粉狀澱粉的也約有10種品種，總計超過了30種。不同的品種在外觀、味道、口感上都有差異。May Queen由於不容易煮爛，因此常用來做馬鈴薯燉肉或咖哩；男爵則因為口感鬆軟，所以適合做可樂餅。這些差異是從何而來的呢？

May Queen比男爵含有更多的纖維素，而纖維素其實是包覆植物細胞外層的「細胞壁」的主要成分。纖維素多的話，細胞壁就堅固。換句話說，就是一個個細胞都能確實維持形狀。一般認為May Queen不容易煮爛的原因，就是纖維素較多，細胞不易被破壞。另外，男爵則含有較多水溶性的果膠。水溶性果膠多的話，細胞彼此間的黏合力就比較差，容易分離開，於是潰散開來的細胞便造就了男爵的鬆軟口感。馬鈴薯所含成分的多寡，會使得外觀、味道、口感產生差異，品種的不同就是這樣來的。

那麼，不同品種又為何會有成分的差異？生長環境雖然會帶來一定程度的影響，但根本原因在於基因的不同。就像人類的基因會有個人差異，馬鈴薯也有基因的品種差異。這種差異造成了纖維素或水溶性果膠的製造量不一，於是形成不同的品種。

成分不同＝品種不同

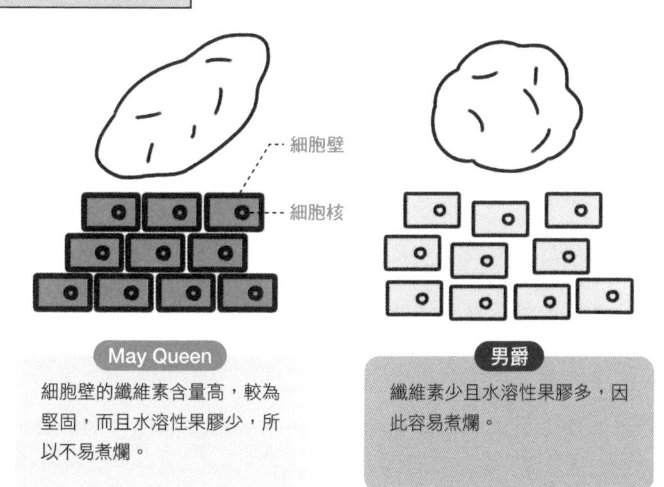

\ 實用小MEMO /

由於目前尚未完全研究出馬鈴薯所有的基因排列，因此還無法全部搞清楚不同品種具體而言是哪裡的基因有差異。基因研究持續發展下去的話，相信能進一步釐清基因與品種間的關係，並有助於品種改良。

從基因可以看出偽造產地？

偽造食材產地是不折不扣的犯罪行為，
但是要如何看穿呢？
其實這也與基因有關。

透過PCR檢測不同品種的基因個體差異

相信不少人在購買食材時會堅持蔬菜要買國產的，牛肉要買特定地方出產的品牌牛等等。但其實我們自己無從分辨食材的產地到底是哪裡，只能相信產品包裝上的標示，產地就算是偽造的也看不出來。但只要**進行基因檢測，就有機會連產地都能查出來**。

人類的基因會有個人差異，食材的基因同樣也會因為生產國的不同而有個體差異。既然不同國家會栽培出不一樣的品種，那麼就能透過基因檢測找出產地的不同。

檢測基因的其中一種方法就是PCR。沒錯，就是大家耳熟能詳，用來篩檢新型冠狀病毒的PCR。**PCR是一種能夠將某個特定位置的基因增加10億倍的技術**。就算想要調查的樣本中只有微量DNA，藉由PCR增加數量便能夠檢測基因。篩檢新型冠狀病毒時，便是檢測特徵與其他冠狀病毒都不同的位置進行辨識。同樣的道理，**只要檢測每個**

品種展現出獨有特徵的位置，就能知道是哪個品種。

日本有某些特定品種的米特別受歡迎，甚至建立起了品牌，生產者也嚴加把關，希望能杜絕產地偽造。「越光」這個品種是稻種只銷售給新潟縣農家的品種「越光BL」分出來的，從基因就能夠分辨是新潟縣或其他地方生產的。另外，超市賣的切塊蒲燒鰻是否混雜了不同的品種，也可以透過基因檢測出來。牛肉、豬肉或是櫻桃、蘋果同樣只要進行基因檢測，就能夠辨別出品種。

用PCR檢測「差異」

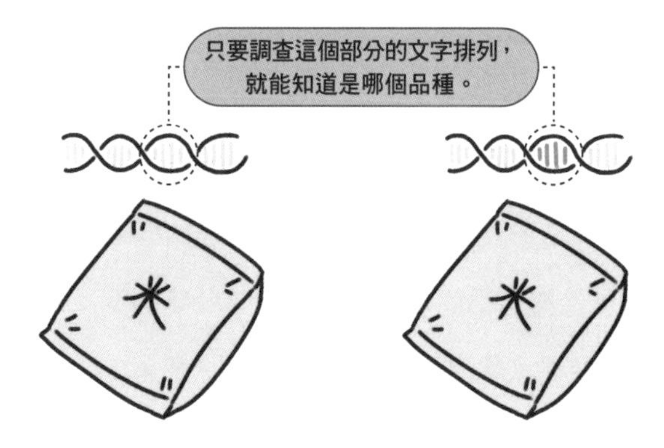

從基因不僅能查出品種，還能知道產地。

＼實用小MEMO／

如果是在不同地方種植相同品種的話，由於基因是一樣的，就無法透過PCR辨別產地了。這時候就要利用各地土壤成分不同的特性進行元素分析，如此一來就有機會區分出產地。

為什麼每個人對於好吃、難吃的判斷不同？

有句話說「青菜蘿蔔各有所好」，
代表每個人的喜好其實不盡相同。
為什麼同樣是人類，在味覺上的喜好卻會不一樣呢？

吃到苦的東西不覺得苦，是因為對於苦味的敏感度低

有一種植物叫作「蓼」，吃起來味道辛辣，只有螢金花蟲之類的甲蟲會吃，日本有一句諺語便是用這兩者來形容人各有所好。

的確，人在味覺上的喜好可說是五花八門。有的人喜歡吃帶苦味的蔬菜，有的人則是絲毫不能接受苦味。**對於苦味的感受其實因人而異，而且科學家發現，背後原因出在基因的個人差異。**

針對苦味感受差異所進行的研究，最早可以追溯到1931年。一名化學公司的研究員不小心打翻了苯硫脲（PTC）粉末，因而揚起粉塵。這名研究員自己並沒有任何感覺，但附近的同事卻感覺有苦味。在對其他人進行測試後發現，有的人覺得PTC有苦味，有的人則不會，而且差別與年齡或性別無關。

時間來到2003年，科學家研究出原因在於TAS2R38基因。這種基因會在舌頭細胞的表面製造出接收PTC等苦味物質的蛋白質。

TAS2R38基因的個人差異會決定製造出來的是高敏感度的蛋白質，或是低敏感度的蛋白質。如果是高敏感度的話，便會對苦味敏感；低敏感度的話則不太感覺得到苦味。因此，喜歡苦味的人有可能不是真的喜歡這種味道，而是對於苦味的敏感度低，所以覺得食物帶有苦味才是恰到好處的味道。

味覺因人而異的原因

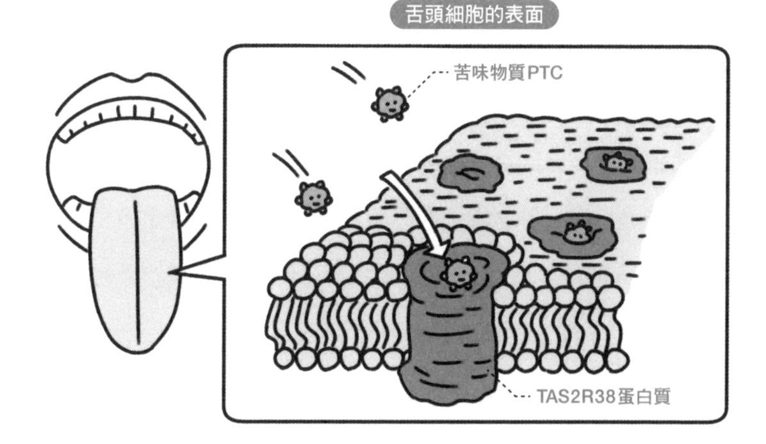

TAS2R38基因製造出來的蛋白質會接收苦味物質，
敏感度則因為基因的個人差異而有所不同。

基因也會影響對於蔬菜苦味的感受？

近來有研究發現，除了PTC以外，對於高麗菜、花椰菜等蔬菜所含苦味成分的感受，也與TAS2R38基因的個人差異有關。

酒量好或不好是什麼因素造成的？

有的人就算喝再多酒也若無其事，
但也有人稍微喝一點就會醉，
為什麼會有這樣的差別？

基因的個人差異導致分解酒精的能力不同

喝酒會讓人醉，是因為酒裡面所含的酒精（正確來說是乙醇）會麻痺腦部的神經細胞。肝臟雖然能分解乙醇，但分解速度是有極限的。肝臟來不及分解的乙醇會流至血液，當乙醇到達腦部就會使人進入「喝醉」的狀態，無法冷靜做判斷。

這時候，肝臟分解乙醇會製造出一種名為乙醛的物質。乙醛對身體而言是毒素，會使得臉變紅、讓人想吐或頭痛。「乙醛去氫酶（ALDH2）」這種蛋白質能夠將乙醛分解為無害的醋酸，然而**ALDH2分解乙醛的能力取決於只有一個文字之差的ALDH2基因個人差異。**這個差異產生了酒量好與不好的區別。

我們身上的ALDH2基因是分別從父母各繼承一個而來，若父母都是酒量好的人（能夠分解乙醛），小孩也會是酒量好、愛喝酒的人。2個ALDH2基因中若只有一個是酒量好的基因，小孩的酒量就不會太好。而如果父母雙方的ALDH2基因都是屬於酒量不好的，生下的小孩就會幾乎沒辦法喝酒。**約有4%的日本人帶有2個酒量不好的ALDH2基因**，因此遇到不會喝酒的人還是不要勉強對方喝比較好。至於歐美人則大多是帶有2個酒量好的ALDH2基因，一般覺得「外國人酒量很好」的印象，就是因從ALDH2基因的個人差異而來。

酒的分解過程

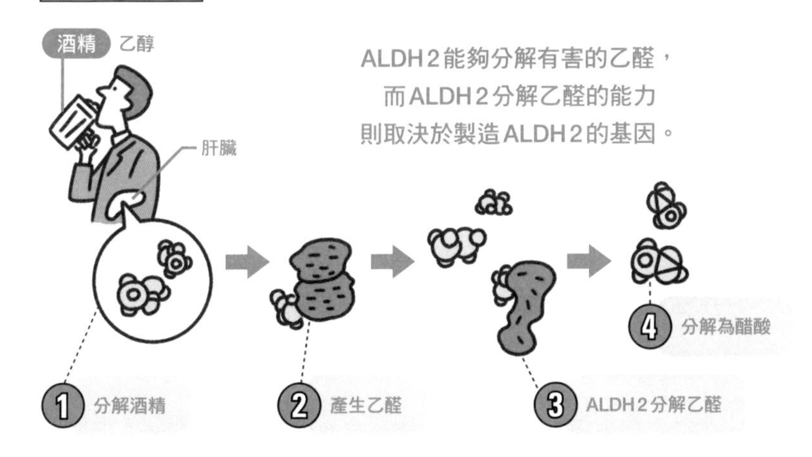

實用小MEMO

有一種常見的說法認為「酒量是可以鍛鍊的」。乙醇的分解也與微粒體乙醇氧化系統的機制有關，喝酒次數愈多的話，就愈容易分解乙醇，但也只是微幅提升酒量而已。

有瘦身基因這種東西嗎？

你有聽過基因瘦身這個詞嗎？
據說這是一種著眼於基因個人差異的瘦身方式，
但真的有效嗎？

脂肪容易堆積與否是可以檢測出來的

有些基因檢測工具組的文案標榜可以透過基因知道自己的肥胖類型，並根據分析結果進行瘦身。

某一套基因檢測工具組會分析三種基因，分別是與分解脂肪有關的β2AR基因，與分解及燃燒脂肪有關的β3AR基因，以及與燃燒脂肪和產生熱有關的UCP1基因。工具組會根據這三種基因的類型判斷使用者是下半身容易堆積脂肪的類型、腹部容易堆積脂肪的類型、攝取蛋白質容易生成肌肉的類型等，並依照結果給予飲食及運動方面的建議。

這樣得出的結果和分析究竟正不正確呢？**雖然無法說這套工具已經完全研究出基因的功能，但主要功能應該是大致正確的。**如果依每種基因類型調查體重及體型的話，相信也能看出不同脂肪堆積型態的趨勢。而且還有文宣品刊載出學術論文做為佐證，因此應該是可以相信的。

但問題在於飲食及運動方面的建議。如果要提供科學性的建議，就必須將有特定基因的人集合起來做分組，像是分為飲食中蛋白質含量高與蛋白質含量低等等，以證明瘦身效果的差異。但因為並沒有刊載這樣的學術論文，因此可以説這些建議的效果仍是未知數。

美國曾經進行一項實驗，將肥胖者分為兩組，分別進行12個月的低脂飲食瘦身與低醣飲食瘦身。如果根據基因類型瘦身是有效的，那麼正確的組合（像是容易堆積脂肪的人進行低脂飲食瘦身）應該能大幅減輕體重。**但實際上正確的組合與不正確的組合在體重減輕的程度上並沒有差別**，因此或許瘦身並不需要基因相關的資訊。

與分解、燃燒脂肪的機制相關的基因

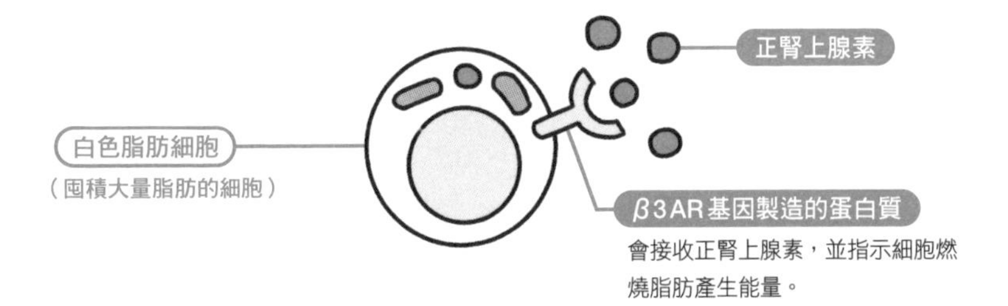

實用小MEMO

一般認為，與肥胖相關的基因有近100種之多，只檢測其中幾種是否就能完全分析出與肥胖有關的體質，其實是有疑問的。但至少這樣做應該能讓人了解自己吃進的食物在體內是如何消化、轉變為能量，基因在此過程中又起了哪些作用，進而注意飲食及瘦身，並有助於提升動力去實行。

為何飲食必須注意營養均衡？

我們都知道營養均衡的飲食很重要，
但怎樣叫作「均衡」？
營養均衡又為何如此重要？

每種營養素都是生存所不可或缺的

飲食要注意營養均衡這件事從過去就一直在宣導。厚生勞動省制定的「日本人飲食攝取基準」（2020年版）中，對於各種營養素占熱量攝取量之比例給予的建議目標值是，1～49歲的男女為醣類50～65％，蛋白質13～20％，脂肪20～30％。這個比例的目的是預防生活習慣病發病與重症化。

如果一種營養素就能全部搞定的話，自然不需要考慮這些比例或均不均衡的問題，但實際上這是不可能的事，因為每種營養素在體內扮演了不同的角色。

醣類是能量的直接來源，會在體內被分解為葡萄糖。能量是從細胞內的「粒線體」被提取出來，儲存於名為「ATP」的物質內，**ATP是驅動肌肉等行為的能量來源**。蛋白質在體內會被分解為胺基酸，當作再用來製造其他蛋白質的零件使用。**由基因製造出蛋白質時，絕對少**

不了胺基酸。脂肪除了當作能量使用以外，也是包覆在細胞周圍的膜的主要成分。而細胞正是我們生存不可或缺的要素。

醣類、蛋白質、脂肪在體內的用途完全不同，如果一直處在飲食營養不均衡的狀態，身體很有可能會出狀況。醣類過少會導致能量不足，身體虛弱無力；蛋白質過少則會造成肌肉流失。身體的運作另外還需要維生素、礦物質等眾多營養素才得以維持，因此營養均衡的飲食才是維持健康的捷徑。

每種營養素皆有其用途

醣類

從位於細胞內的粒線體提取能量，儲存於ATP。

蛋白質會被分解為胺基酸，當作以基因製造蛋白質的原料。

脂肪是細胞膜的原料。

細胞膜

＼實用小MEMO／

近來十分流行「減醣瘦身」，但一項針對1萬5428名45～64歲美國人追蹤25年的調查報告指出，醣類（不包括食物纖維）的比例為50～55％時死亡風險最低，高於或低於這個比例的話，死亡風險都會上升。想要長壽的話，減醣瘦身似乎還是適可而止比較好。

食物也有「跟基因合不合得來」之分？

如果體質和基因有關的話，
那是不是也會有
跟基因合得來、合不來的食物？

喝牛奶會拉肚子也與基因的個人差異有關

164頁提過，一個人的酒量好壞與ALDH2基因的個人差異有很大關係。如果放寬一點解釋的話，可以說食物也有跟基因「合不合得來」之分。例如，有些人喝牛奶會容易拉肚子，這也與基因有關。牛奶含有名為乳糖的醣類，分解乳糖的蛋白質叫作乳糖酶，製造乳糖酶的基因則是LCT基因。有些人在長大之後LCT基因的活性等級會下降，變得不容易分解乳糖。如此一來，乳糖便容易殘留在腸道，導致拉肚子或消化不良。**LCT基因的rs4988235位置的個人差異，與能否隨著成長活化乳糖酶有關**。無法活化乳糖酶的人喝牛奶的話，乳糖會大量堆積在腸道，導致身體為了稀釋多餘物質而在腸道堆積水分，因而拉肚子或消化不良。

牛奶含有豐富鈣質，一般都會建議要多喝，但如果因此影響到身體的話就本末倒置了。無法喝牛奶或不喜歡喝牛奶的人，可以改吃優格或起司來補充鈣質。乳糖在優格及起司的製造過程中已經被分解了，所以無論LCT基因是哪種類型都可以吃。

另外，不易分解乳糖的人似乎以亞洲人居多。一般認為這是因為亞洲人過去幾乎沒有喝牛奶的習慣，是否有可以分解乳糖的基因與能否生存無關。至於傳統上盛行畜牧的北歐，或許是因為過去就有喝牛奶的習慣，很多人即使長大成人後也還是能分解乳糖。

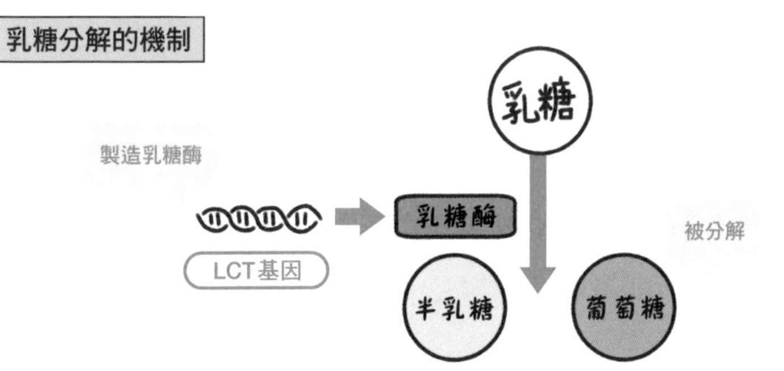

乳糖酶會將乳糖分解為半乳糖與葡萄糖，
兩者都會被小腸吸收。
乳糖酶的活性若是下降，就會容易拉肚子。

\ 實用小MEMO /

科學界近來認為，喝牛奶引發的不適與腸道菌也有關係。肚子痛的原因之一有可能是腸道菌分解乳糖時產生的氣體無法順利排出體外。改善腸道菌、將腸道環境調理好的話，或許就能喝牛奶了。

基因改造食品是如何產生的？

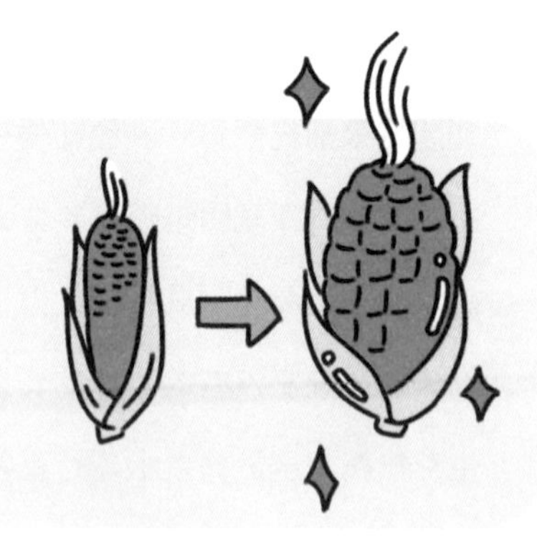

相信大家都有在食品的包裝上
看到過「基因改造」的標示。
這個單元將針對基因改造進行說明。

基因改造是放入其他生物的基因

所謂的基因改造，是指在某種生物的DNA中放入其他生物的基因，利用了放入基因時發生的「重組」現象。以基因改造技術的產物種出來的農作物就是「基因改造作物」，加工成的食品則是「基因改造食品」。

例如，國外有一種基因改造作物叫作「黃金米」，這種米含有豐富的維生素A原料，也就是β-胡蘿蔔素。根據估計，全世界一天約有2000名兒童死於維生素A不足，而且稻米是亞洲人的主食，因此當初是希望藉由食用黃金米攝取維生素A的來源─β-胡蘿蔔素，以解決維生素A不足的問題。

為了讓稻米製造出β-胡蘿蔔素，黃金米中放入了水仙與細菌的基因。**放入其他生物的基因在自然界根本是不可能發生的事，由於擔心對生態系造成影響，黃金米在各國都必須接受嚴格審查才能種植、銷**

售。日本目前便尚未給予黃金米許可。至於日本國內已經給予許可的基因改造作物則有玉米、大豆、西洋油菜、棉花、木瓜、甜菜、馬鈴薯、紫花苜蓿等八種。

許多食品都會在包裝上註明「非基改」，所以直接吃到基因改造食品的機會或許並不多。但日本其實進口了許多基因改造大豆、玉米用於食用油及飼料，因此可以說我們早就已經接觸到基改食品了。

黃金米是如何進行基因改造的

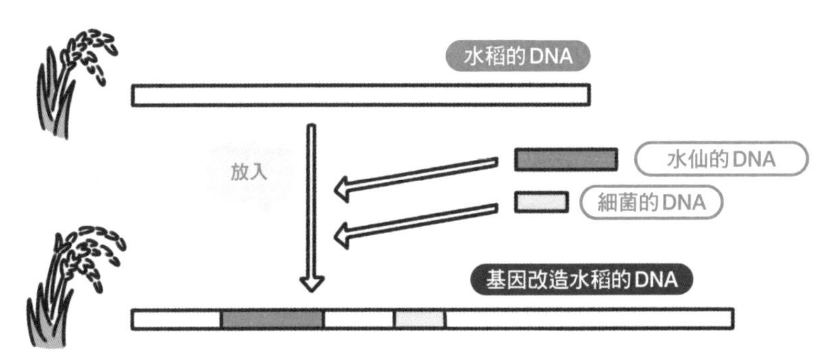

基因改造作物的原理就是放入其他生物的基因。

實用小MEMO

基因改造技術也被用來開發能夠治療杉樹花粉症的稻米，這就是所謂的「杉樹花粉症緩和米」，在米裡面放入的基因會製造帶有杉樹花粉的蛋白質。目的是讓身體的免疫系統記住這種蛋白質（帶有杉樹花粉的蛋白質）是無害的，避免引發過敏反應。

藉由基因組編輯可以種出營養豐富的蔬菜？

科學家研究發現，運用基因組編輯技術修改基因，
可以種出營養更豐富的蔬菜。
這是一種怎樣的技術？

透過編輯基因製造出更多養分

前一個單元介紹的基因改造技術，原理是放入其他生物的基因。而近來則有一種新的技術不是放入外來的基因，而是稍微修改原本就存在的基因，這種技術就是基因組編輯。基因組編輯可以只讓一個基因不發揮作用，或是增強、減弱該基因（➡P. 38）。

或許你會質疑，人為改變基因真的好嗎？但這樣做能讓人類在進行農作物的品種改良時，輕易挑選出基因不一樣的作物。以前的人透過經驗觀察出遺傳的現象，但並不知道基因的存在。現在一般的品種改良也還不太能確定究竟是哪個基因出現變化，只關注表面的特徵，讓不同品種交配出新品種。

運用基因組編輯技術的品種改良，則能夠鎖定特定基因做出改變。

這項技術目前已經有成功實用化的案例，就是含有豐富GABA的番茄。GABA是一種能夠抑制血壓上升，帶來放鬆效果的營養素。番茄雖然有製造GABA的基因，但平常的狀態就像是踩了煞車，並不會製造GABA。**運用基因組編輯拿掉煞車的部分，便能製造出大量GABA**，這種番茄的GABA量是一般番茄的五倍之多。日本的大學與創投企業共同研發出的這種番茄，自2021年9月起可以在網路上買到。

圖解基因組編輯

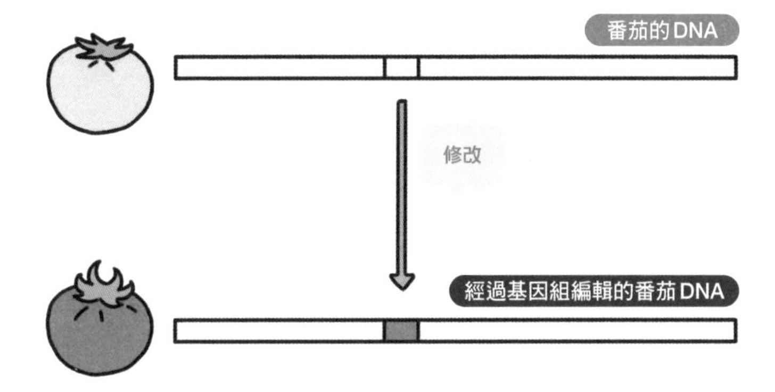

基因組編輯能夠只改變原有基因的其中一部分，
而且不需要放入其他生物的基因。
番茄的GABA就是靠這種方法增加的。

基因組編輯還可以去除毒性!?

基因組編輯不僅能增加營養，還能去除引發食物中毒的毒素。例如，科學家正在研究透過基因組編輯的方式，使馬鈴薯不要製造出芽、綠皮中所含的毒素「茄鹼」。

經過基因組編輯的養殖魚可以拯救世界？

基因組編輯技術
不僅能使蔬菜營養更豐富，
還能養出肉量更多的養殖魚。

連肌肉量也可以自由控制？

如果蔬菜（植物）可以進行基因組編輯的話，水產品或畜產品理論上應該也可以。實驗室裡其實已經誕生出了肉量更多的魚、瘦肉更多的牛。

與製造肌肉相關的肌肉生長抑制素基因會扮演煞車的角色，避免製造過多的肌肉。如果肌肉生長抑制素沒有發揮功能的話，就等於沒有了煞車的作用，身體會長出大量肌肉。實際上，肌肉生長抑制素基因經過基因組編輯技術修改而失去作用後，鯛魚的身體厚度會變為原來的1.5倍。日本便有大學與創投企業合作開發基因組編輯的鯛魚，並於2020年10月起銷售給參與群眾募資者。

一般認為，我們未來將能夠像這樣將基因組編輯技術應用於農林水產品等，生產出更有營養、產量更高、更美味的食物。如此一來，今後的糧食問題或許也能得到解決。地球人口超過100億的時代若是到來，該如何生產足夠的糧食餵飽100億人就成了一大問題。除了提升生產效率外，目前也期待未來能開發出在雨量稀少的地方或海邊風大的地方也能種植的作物。相信基因組編輯技術應該能為這些課題提供解答。

另外，日本的法規認為自然界也會發生類似基因組編輯般，一部分基因消失的現象，因此並未將基因組編輯視為基因改造。但廠商還是必須確認未進行基因組編輯的地方是否有基因改變的狀況，或是有無產生有害物質等，並在商品上市前諮詢厚生勞動省。若厚生勞動省判斷並非基因改造，就不需要上市前的審查，只要向厚生勞動省提出申請，並在廠商網站上提供相關資訊便可銷售。

解除限制肌肉生長的煞車

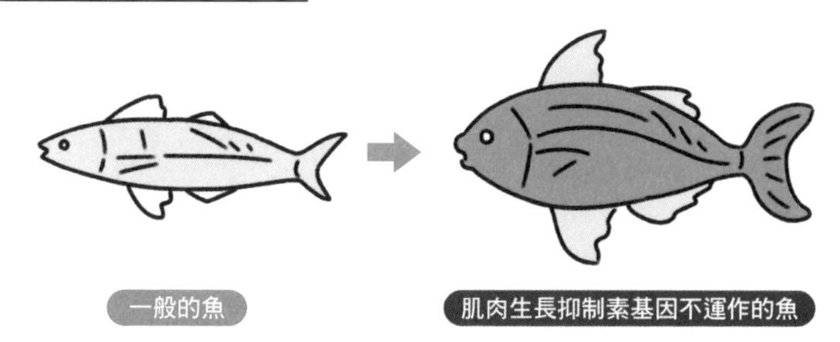

肌肉生長抑制素基因沒發揮作用的話，肌肉會一直生長，
就算什麼都不做，身體也會變為1.5倍厚。

\ 實用小MEMO /

人類之中也有極少數人的肌肉生長抑制素基因沒有作用。這種人就算從小開始什麼都沒做，也會長出明顯的腹肌等各種肌肉。

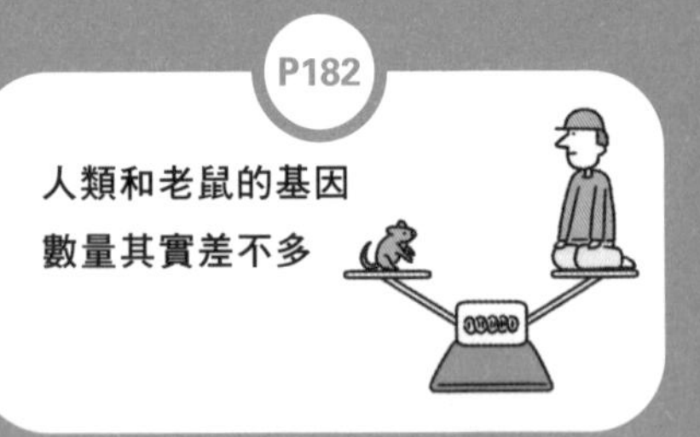

透過基因認識

生命的奧祕

人類最早的始祖是魚？

地球上的生物多到不計其數，
這些生物是從哪裡來的呢？
這個單元將回顧生物的歷史。

人類的源頭可以追溯到棲息於海中的生物

我們每一個人並不是憑空出現，一定都是自己的母親生下來的。而我們的母親，則是她的母親生下來的。如果不斷這樣往回推，究竟可以追溯到哪裡呢？追溯到數百萬年前的話，人類當時還僅有最原始的樣貌；追溯到數千萬年前的話，只是跟老鼠差不多大的哺乳類動物而已。那如果是更之前呢？

描繪出地球上生物演化歷程與關係的圖表叫作「親緣關係樹」。地球上許多生物族群都可以畫出親緣關係樹，本單元要介紹的則是脊椎動物的親緣關係樹。脊椎動物就如同字面上的意思，是指有脊椎的動物，大致上可分為魚類、兩生類、爬蟲類、鳥類、哺乳類五個族群。簡單來說，最早誕生的是魚類，然後是兩生類登場。接下來出現了爬蟲類，爬蟲類又演化出鳥類。哺乳類則是經另一條路徑由爬蟲類演化而來的。

為了方便理解，有些地方在介紹演化關係時會將「魚類、兩生類、爬蟲類、鳥類、哺乳類」畫在一條直線上，**但要注意，這並不代表「現有的魚類有可能演化為哺乳類」**。就像人類也不是我們現在看到的黑猩猩演化來的。**正確來說是黑猩猩與人類有共通的祖先，後來在某個時間點出現分歧，分別成為黑猩猩與人類**。現在的黑猩猩在數百萬年後也不會變成人類。

人類最早的源頭雖可追溯到棲息於海中的生物，但這種生物並不像現在的魚類有完整的鰭。現有的魚類中，和人類與魚類的共通祖先最相似的，是一種外觀類似鰻魚、沒有下巴，名為「盲鰻」的魚。

親緣關係樹與動物的演化

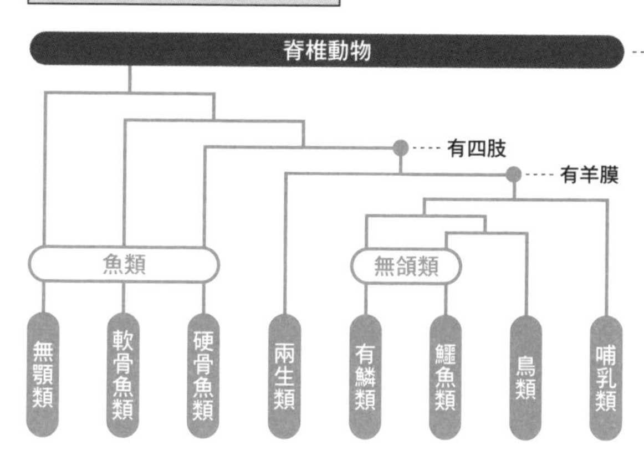

親緣關係樹表示了生物的演化路徑與分歧。例如，從脊椎動物的分歧點出發，最終的演化結果會是魚類與哺乳類。

實用小MEMO

親緣關係樹過去是根據身體結構是否相似描繪的，近來則有愈來愈多的親緣關係樹是以基因是否相近（基因組是否相近）做為描繪的基準。基因的相似程度可以幫助我們追溯演化的歷史。

人類和老鼠的基因數量其實差不多

人類的基因約有兩萬種，
那你覺得老鼠有多少種呢？
其實人類和老鼠的基因數量並沒有差太多。

人類與小鼠的基因約有85％相同

人類約有兩萬種基因（➡P.26）。直到1990年代為止，科學家始終推測人類的基因約有十萬種，但一項全球性的研究計畫徹底解讀基因組後在2000年發現，數量遠比想像中少，僅有約兩萬種。

人類與小鼠無論體型或智能都截然不同，但基因種類卻十分相似。科學家比較遺傳信息整體的基因組後發現，人類與小鼠約有85％是共通的。換句話說，認識小鼠的基因幾乎就等於認識了人類的基因。

我們有時會看到「透過以小鼠進行的實驗掌握了〇〇基因的功能」，或「發現□□蛋白質與疾病有關」之類的新聞。也許有人會懷疑，人類和小鼠看起來完全不一樣，用小鼠做研究有意義嗎？但因為兩者的基因相當接近，透過小鼠得到的發現，很有可能也能夠應用於人類。

當然，在小鼠身上能夠做到的事未必100％適用於人類，但肯定可以提供明確的方向。尤其在研究疾病的機制、開發治療方法時，不可能直接進行人體實驗。因此科學家會用修改基因的方式在小鼠身上重現人類的疾病，或是尋找適合的藥物。重現人類疾病的小鼠稱為「小鼠模型」，是進行研究時不可或缺的幫手。

人類與小鼠的基因約有85％相同

一般認為人類與小鼠的
身體機制相似

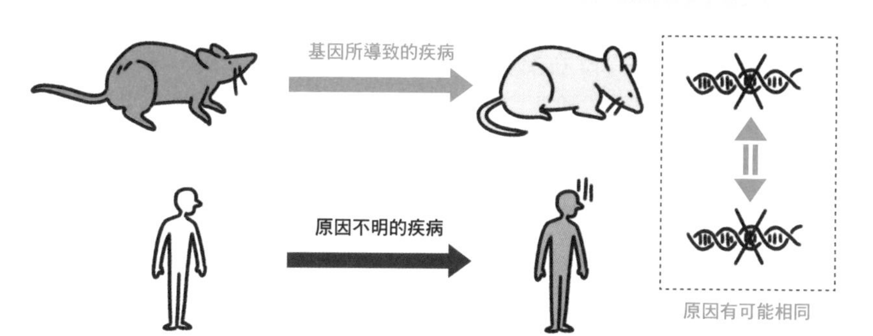

若小鼠因為某個基因的問題而產生疾病，
人類的同一種疾病便很有可能也是相同的基因造成的。
想要治療該種疾病的話，不一定要改變基因，
如果有藥物能夠改變由該基因製成的蛋白質功能，
就可以治療疾病。

\ 實用小MEMO /

除了基因相關疾病的小鼠模型外，還有大量餵食脂肪含量高的飼料以造成肥胖，或是製造壓力導致憂鬱症等各式各樣疾病的小鼠模型。

生命是
如何演化的？

地球上的生命是在超過38億年前誕生的。
在這漫長的歲月中，
生命是歷經何種過程演化的？

科學家認為只有條件有利於生存的生物能存活下來

一般認為，地球最初的生命誕生於海洋（➡P.180）。雖然原始的生命是只有一個細胞的單細胞生物，但後來誕生了由許多個細胞構成的多細胞生物，各式各樣不同型態的生命逐漸遍布整個地球。生物的外觀或機能在世代交替的過程中逐漸發生變化的現象，就叫作「演化」。

奠定現代演化理論基礎的人，是查爾斯・達爾文。在達爾文之前，人們相信地球上所有生物都是上帝創造的。而達爾文在他1859年出版的著作《物種起源》中陳述了自己對於演化的看法。達爾文當時是一名博物學家，得到了觀察南美洲動植物的機會。棲息在厄瓜多領地加拉巴哥群島的雀鳥，是促成達爾文發想進化論的關鍵。他發現每一座島上的雀鳥鳥嘴部分都稍有不同，其他特徵和習性也不一樣。

達爾文假設，新生出來的雛鳥會帶有與雙親些微不同的特徵。該特徵如果對於在島上生存有利的話，就容易存活下來。如此一來，就能繁衍更多後代，該特徵便會一代傳一代，變得更普遍。但特徵如果不利於生存，就會死去而無法留下後代。達爾文認為，這種情況經過好幾個世代後，就會只有特徵在該環境中有利於生存者存活下來。這就是所謂的天擇，是演化的機制之一。雖然達爾文的時代還沒有基因或DNA的概念，但新的一代在出生時DNA會有些微變化的確是事實。**這些變化導致了基因改變，外觀或身體機能出現改變時就會面臨天擇的考驗。**

雀鳥的天擇

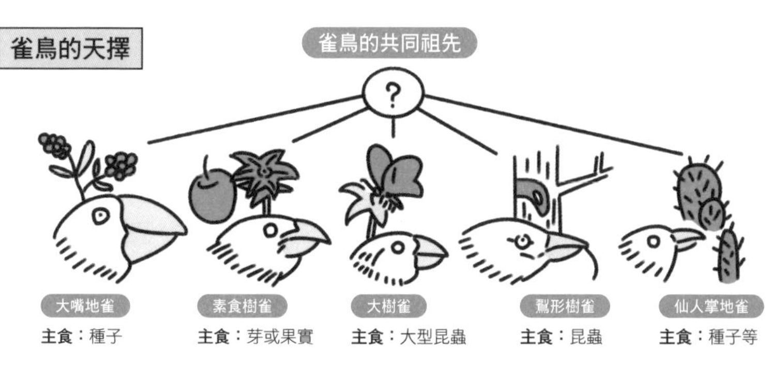

最初只有一種雀鳥，但因為存活下來的是自身變化有利於在島上生存者，所以在每座島上變成了不同品種。

＼實用小MEMO／

達爾文認為，「只有」條件有利於在環境中生存者會存活下來，但實際上未必如此。日本的群體遺傳學家木村資生提出了「中立說」，認為既非有利於生存、也非不利於生存的中立變化，只要運氣好的話也可以存活下來，在群體內遍布。一般通常會覺得「生物的外觀或機能一定是有意義的」，但其實「就算沒有意義，只要不是不利於生存，仍然有機會存活下來」。中立說目前已經得到普遍認可。

為什麼三色貓都是母的？

許多人都對三色貓非常著迷，
而其實99.9％的三色貓都是母的，
這同樣與基因有關。

關鍵在於X染色體的數量

一般的貓想要一眼看出是公貓或母貓，基本上是不可能的事。但如果說一隻三色貓是母的，99.9％都會答對。這牽涉到了與基因之間的複雜關係。

決定三毛貓毛色與紋路的基因共有九種，這裡會介紹其中幾種主要的基因。首先是決定身體為全白，或是除了白色還帶有其他顏色的基因。再來是決定是否帶有斑點的基因。

接下來則是重點。決定是咖啡色或黑色的基因，位於和性別有關的X染色體。而且，一條X染色體只會有咖啡色或黑色其中一種基因。由於母貓的性染色體為XX，共有兩條，因此如果一條帶有咖啡色，另一條帶有黑色基因的話，就能製造出咖啡色和黑色的毛。要同時有製造這兩種顏色的基因，以及「毛色不是全白的基因」、「帶有斑點的基因」才會生出三色貓。

公貓的性染色體因為是XY的組合，所以只有一條X染色體。換句話說，只會有製造咖啡色或製造黑色其中一種基因。也由於這樣，公貓只會是「白色和咖啡色」或「白色和黑色」的雙色貓。

既然如此，三色貓為何又會有0.1%的機率出現公貓呢？100頁曾經提到卵子、精子的老化，卵子或精子在製造時性染色體如果沒有正確分離，就有可能出現XXY的受精卵。兩條X染色體分別有咖啡色和黑色的基因，Y染色體則有決定性別為公的基因，於是便會生出公的三色貓。人類也會發生受精卵為XXY的現象，這會產生一種名為克氏症候群的疾病，患者手腳較長且有不孕症。根據推測，每一千名男性中有一人患有這種疾病。

為何三色貓幾乎都是母的

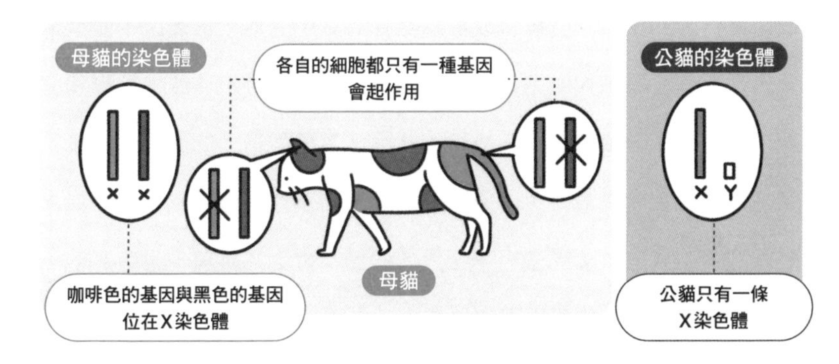

\ 實用小MEMO /

三色貓是否有三種顏色是由基因決定的，但身上的花紋則完全是隨機生成。在還沒出生前的早期階段，就會決定哪個細胞是咖啡色，哪個細胞是黑色，沒有規則可遵循。因此就算製造出三色貓的複製貓，也不會連花紋都完全複製。

魚可以自由改變性別？

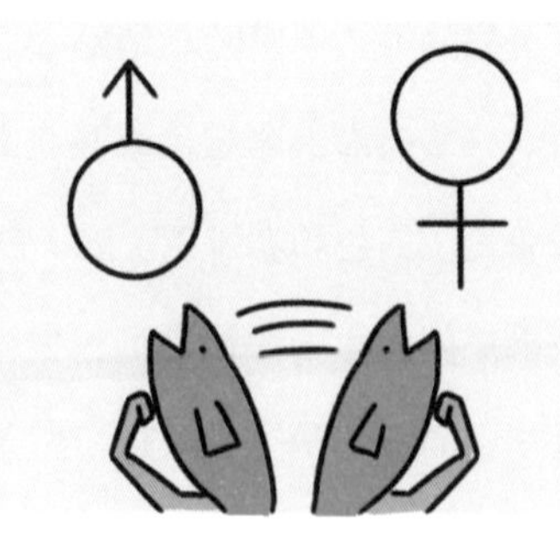

雄變雌或雌變雄的「性轉變」現象
在魚類身上並不罕見。
性別真的那麼容易就能改變嗎？

目前已知約有400種魚會進行性轉變

電影《海底總動員》中的角色尼莫是一條小丑魚，而小丑魚正是一種會性轉變的魚。小丑魚會成群躲藏在海葵中生活，群體之中體型最大的是雌魚，第二大的則是雄魚。其他個體則非雄也非雌，精囊和卵巢都沒有發育，屬於性別不成熟的狀態。當體型最大的雌魚死亡後，第二大的雄魚會變為雌魚，第三大的不成熟個體則會變為雄魚。如果是體型第二大的雄魚死去，第三大的個體也會變為雄魚。也有其他魚類與此相反，是由雌魚性轉變為雄魚（裂唇魚等）。

性別可以轉換這種事聽起來雖然難以置信，**但在現有的約三萬種魚類之中，光是已知的就有約400種會進行性轉變**。魚類會進行性轉變似乎是因為受到周遭環境的影響。小丑魚及裂唇魚會透過某種方法知道自己是否為體型最大是確定的事實，但目前幾乎不了解其中的機制。另外，也有類似金魚這樣，在幼魚時期如果水溫高的話，雌魚會變為雄魚的例子。

魚類在性轉變時會重新製造卵巢或精囊，照理來說基因也會以某種形式參與其中。近來有一項關於雙帶錦魚性轉變的發現。雙帶錦魚的習性是一條雄魚會與好幾條雌魚一起生活，如果雄魚死亡了，體型最大的雌魚僅需十天就會變為雄魚。體型最大的雌魚此時會因為沒有雄魚而感受到壓力，分泌一種名為皮質醇的激素。受到其他激素及基因的作用影響，屬於女性荷爾蒙的雌激素因而變少，與雌性相關的基因功能減弱，於是雌魚便性轉變成為雄魚。

小丑魚性轉變的機制

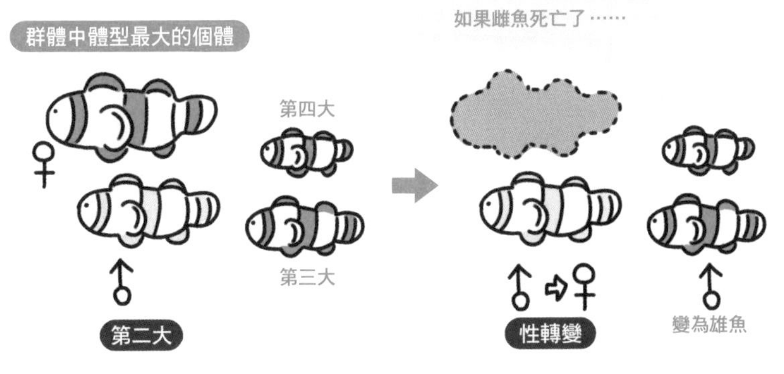

當群體中體型最大的雌魚死亡時，
體型第二大的雄魚會性轉變為雌魚。

\ 實用小MEMO /

小丑魚一生都在海葵中生活，因此如果都只有同一種性別聚集的話，會無法繁衍後代。一般認為，性別能夠改變的這種靈活機制，具有容易繁衍後代的優點。

植物也不能近親結婚？

近親結婚在人類社會受到法律明文禁止，
而其實植物也有類似的情況。
這種機制是如何運作的呢？

植物有兩種授粉方式

包括人類在內，動物都是透過精子與卵子受精的方式孕育下一代，植物其實也是以類似的方式繁殖。位於雄蕊的花粉被傳到雌蕊前端的過程稱為「授粉」，但實際上光是授粉並沒有辦法繁殖。授粉之後，花粉會往雌蕊內部伸出花粉管，運送相當於精子的「精細胞」。雌蕊的根部內有相當於卵子的「卵細胞」，精細胞與卵細胞結合便是受精，相結合的細胞將成為下一代的植物。

植物將花粉授粉給自身的雌蕊進行繁殖稱為「自花授粉」，將花粉授粉至其他個體則稱為「異花授粉」。至於採取哪種方式，則是因植物而異。自花授粉的好處是授粉比較簡單。一年生草本植物與其他個體相遇的機會低，因此大多採用自花授粉。但缺點在於不會接受到來自其他個體的基因，所以基因的多樣性不足。

至於異花授粉則能夠增加基因的多樣性，整個族群更容易生存，但必須設法避免自花授粉。離雌蕊最近的，就是自己的花粉，因此為了避免自花授粉，植物發展出了錯開花粉飛散的時期與雌蕊成熟的時期，或是讓雌蕊長得比較高等預防措施。還有一種方法是**運用基因的性質，這種性質叫作自交不親和性**。花粉表面做為辨識用的蛋白質，與雌蕊前端接收該蛋白質的蛋白質基因類型若是一致，花粉就不會伸出花粉管。只有在基因類型不同，也就是**不同個體的花粉進行授粉時，花粉才能夠伸出花粉管**。

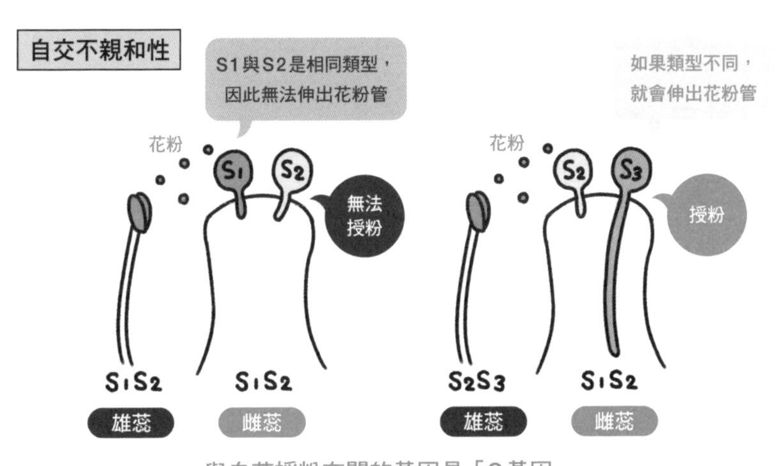

與自花授粉有關的基因是「S基因」。
S基因的類型（這裡以S1、S2、S3表示）若是相同，
不論是自身的花粉或其他個體的花粉都無法授粉。

\ 實用小MEMO /

到了春天，櫻花就會盛開，但相信應該沒有人在盛開時看過櫻花的種子。日本常見的櫻花是染井吉野這個品種的人工複製品，基因全部都一樣。因此不僅不會自花授粉，也無法與附近的其他染井吉野櫻授粉。

世界上有不會死的生物嗎？

每個人都不希望死亡降臨到自己身上，
但「不會死」這種事真有可能嗎？
世界上真有這種生物存在？

「不會死」終究只是夢想

106頁曾經提過，人類的壽命有限，永恆的生命只是夢想。這是因為DNA有決定了細胞分裂次數的「端粒」。除了人類以外，許多其他生物也都有端粒。因此，「世界上沒有不會死的生物」這個說法應該是沒問題的。

雖然沒有到不會死的地步，但地球上存在一種不容易死，也就是「防禦力異常高」的生物，這種生物叫作水熊蟲。水熊蟲身長0.1～1.0公釐，有四對、八隻腳。雖然名稱中有「蟲」這個字，但水熊蟲並不是昆蟲，真要說的話，比較接近蜘蛛或鼠婦。讓人感受到水熊蟲驚人生命力的其中一個例子，就是乾燥環境。周圍如果沒有水的話，水熊蟲會進入名為乾眠的脫水狀態，生命活動幾乎停止。乾眠狀態的水熊蟲如果得到水分便會復活。水熊蟲處於乾眠狀態時幾乎可以說不會死，在零下273℃至100℃的溫度中都能生存。不僅如此，在真空或7萬5000大氣壓的環境中也不會有事，甚至不怕放射線。科學家近來發現，水熊蟲對於放射線的防禦，與製造「Dsup」蛋白質保護DNA的基因有關。放射線會破壞DNA，但Dsup蛋白質具有防止放射線破壞DNA的作用。將Dsup基因放進人類的培養細胞也能發揮相同效果。**若能研究出與耐乾燥性有關的其他基因或功能，或許可以應用在食物的保存或移植用的器官、細胞的乾燥保存上。**

雖然水熊蟲在乾眠狀態時防禦力極高，但在一般狀態下只要遇到熱便很容易死，也有可能被其他生物吃掉，仍然無法避開死亡這件事。

水熊蟲超強防禦力的祕密

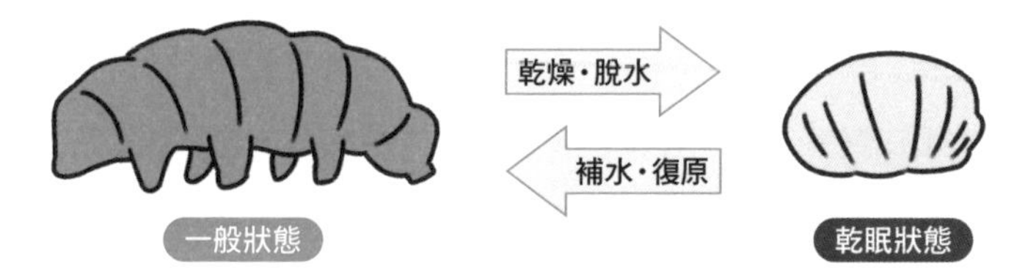

水熊蟲在乾眠狀態下可耐高溫、低溫、真空、高壓、放射線。
但處於一般狀態時
就和普通的生物一樣，只要出了一點差錯就會死。

\ 實用小MEMO /

人類的身體就算有一部分細胞死去，對於我們活下去也幾乎沒有影響。如果用更大的格局來思考這個概念，雖然每個有生命的個體都會因壽命走到終點而死亡，但也會有新的生命誕生，就地球整體生命的觀點而言，生命還是一直延續的。如果把地球上所有生命視為一個生命體的話，就等於這個生命體不曾死亡過（生物並不曾完全滅絕）。

蛋白質
是什麼形狀？

DNA經由RNA複製，
會製造出蛋白質。
那麼蛋白質究竟長什麼樣子呢？

蛋白質的形狀千變萬化

前面曾經介紹，包括人類在內的生物有各式各樣的基因，由基因製造出來的蛋白質會在體內發揮許多不同的作用。有的蛋白質位在細胞表面，會捕捉細胞外的分子；有的蛋白質則會在紅血球內載運氧氣，作用五花八門。那蛋白質是長什麼樣子呢？

舉例來說，在細胞內沿著有如軌道的「微管」載運分子的蛋白質「驅動蛋白」看起來好像有兩隻腳，動作有如在走路。捕捉細胞外分子的蛋白質「受器」則有如同口袋般的孔洞。位於紅血球內的血紅素看起來像是折疊了許多次。細胞分裂時負責複製DNA的DNA聚合酶正好像夾住了DNA一樣。由此可知，**蛋白質的形狀可說是千奇百怪，每種蛋白質都會根據目的呈現出最理想的形狀。甚至有學者將蛋白質形容為「奈米機器」，可見蛋白質的形狀及功能都非常多元。**

蛋白質非常渺小，肉眼無法看見，只有透過特別的實驗才有辦法確認形狀。一般認為，蛋白質的形狀取決於DNA的文字排列，但目前並無法單憑DNA的資訊就知道蛋白質的形狀，一一調查每種蛋白質的形狀也是一門研究領域。

各種造型的蛋白質

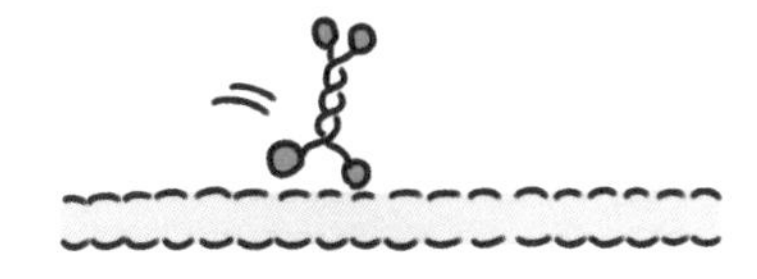

驅動蛋白會走路

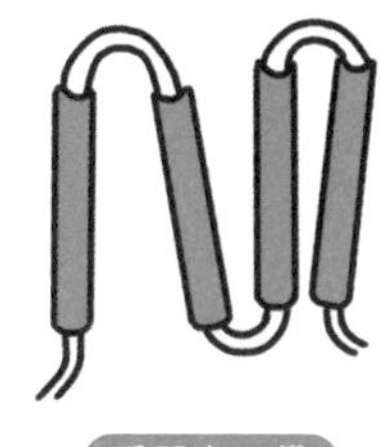

受器有口袋

血紅素是層層折疊在一起

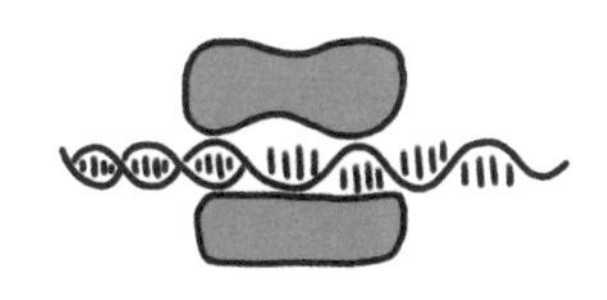

DNA聚合酶是夾著DNA製造出DNA

蛋白質會根據各自的功能及目的呈現出最理想的形狀。
而蛋白質的形狀則是由DNA的文字排列決定的。

\ 實用小MEMO /

近年來，人工智慧（AI）的發展有長足進步，影響力甚至擴及到蛋白質的研究。Google旗下的DeepMind公司在2021年開發出了運用AI技術從DNA預測蛋白質形狀的程式「AlphaFold 2」。各界期盼AlphaFold 2能夠加速蛋白質的研究及藥物開發。

基因與生命有辦法人為製造出來嗎？

現在已經是能夠自由操控基因的時代，
那是否有辦法以人為方式組合基因，
按照自己的意思製造出生命？

首要工作是先揭開「生命」之謎

基因及細胞的研究從20世紀後期開始有了大幅進步，並取得許多關於基因的新發現。這本書裡所介紹的，不過是研究成果的一小部分。

但人類想要真正理解基因、細胞，乃至於生命本身，其實還有很長遠的路要走卻也是不爭的事實。在20世紀做出了許多重要貢獻的物理學家理察・費曼說過的一句話可以完美總結這一點：

「我對於自己做不出來的東西一無所知。」

意思是，如果做不出來的話，就不能算真正理解。我們明白汽車為什麼會動，是因為我們知道如何製造汽車。也就是如果想要理解細胞、理解生命，就應該先從零開始製造出細胞及生命。

製造基因的DNA目前已經能夠以人為方式製造出來。雖然要製造出人類所有基因組的30億個文字還遙不可期，但2010年時已經成功製造出約100萬個文字。科學家製造出了黴漿菌這種細菌的DNA，總數約100萬個文字。將人為製造出的DNA放入已經移除DNA的細胞膜內，結果細胞成功增生，也就是「活了起來」。

我們可以換一個角度思考。**如果問「要有什麼才能活？」答案會是「至少要有一定數量的基因。」**某個研究團隊將細菌的各種基因以人為方式連接在一起進行嘗試，最終發現只要DNA有53萬1490個文字，基因有473種的話，細胞就能存活。令人訝異的是，這473種基因中有149種至今仍不清楚作用為何。或許要全部搞清楚之後，我們才有辦法回答「生命究竟是什麼？」這個問題。

人工DNA成功增加了細胞

細胞增加了！

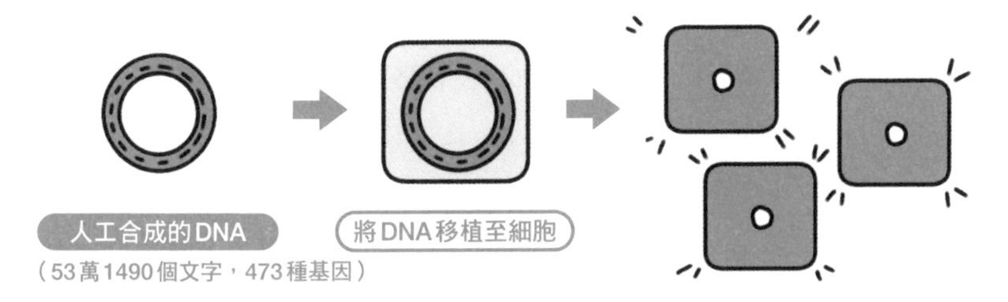

嘗試將各種基因連接在一起之後發現，
只要有53萬1490個文字、473種基因的話，
細胞就能存活。

＼實用小MEMO／

以人為方式製造基因的學門叫作「合成生物學」。除了進行基因研究外，透過新製造出的基因做出這個世界上不存在的蛋白質也並非不可能。

認識誕生自基因改造的超強生物

你可能會覺得
基因改造生物跟自己沒有關係，
但其實基因改造生物已經拯救了許多生命。

糖尿病患者注射的胰島素也是基因改造技術的產物

法律針對基因改造生物有嚴格的規定，目的是避免對生態系造成影響，因此目前都是在法律控管下進行基因研究或新品種基因改造作物的種植實驗。看了以上敘述，你可能會覺得基因改造生物和自己毫無關係，但其實有些基因改造生物早就已經進入到我們的日常生活中了。

治療糖尿病要用到胰島素，胰島素是唯一一種能夠降低血糖值的激素，由於糖尿病患者的胰島素不足，因此必須藉由注射補充。

那注射用的胰島素又是從哪裡來的呢？注射胰島素跟輸血不一樣，並不是拿別人的來用。注射用的胰島素過去是從豬和牛的胰臟萃取，但必須約70頭豬才足以供應一名糖尿病患者一年的胰島素用量。1973年時，**誕生了以人為方式在大腸菌中放入其他生物的基因，製造出蛋白質的技術。這便是基因改造技術**。換句話說，將製造胰島素的基因放進大腸菌的話，就可以讓大腸菌成為生產胰島素的工廠。由於大腸菌能夠大量繁殖，因此可以大量製造胰島素。到了1979年，全球首款大腸菌製造的醫療用胰島素終於問世。

目前也有方法是利用酵母製造胰島素。如果有機會看到胰島素的說明書或仿單（記載了藥品資訊的紙張）的話，不妨確認一下商品名稱，上面應該會標明「基因改造」。

胰島素的製造方式

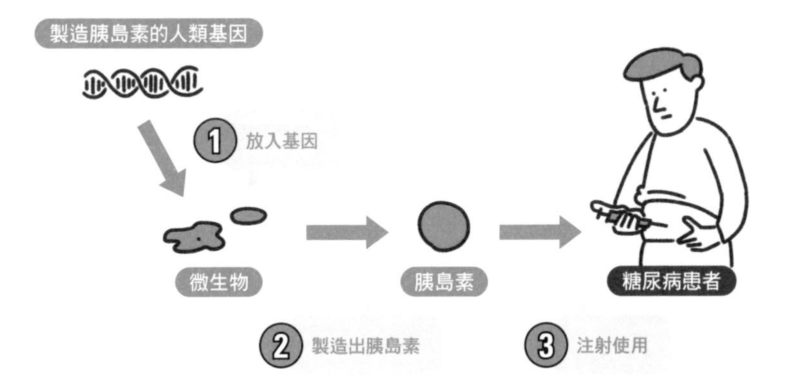

將人類胰島素的基因放進大腸菌或酵母的DNA中，
讓這些微生物來製造胰島素。

＼實用小MEMO／

有一種牛仔褲的破損加工方式也與基因改造有關。這種加工方式叫作生物水洗加工，是使用一種名為纖維素酶的蛋白質破壞纖維。此時使用的纖維素酶，也是由經過基因改造的微生物製造出來的。

透過基因
可以揭開尼斯湖水怪
的真面目？

世界上最有名的未確認動物，大概就是尼斯湖水怪。
一直以來都有人宣稱目擊到尼斯湖水怪，因而引起討論。
近年來則有從DNA角度提出的新觀點。

基因研究的進步帶來的發現是……

雖然恐龍已在6600萬年前滅絕，但也有人想像，說不定還有恐龍在地球上的某個角落存活至今。當然，這不過是一種幻想，如果真有類似恐龍的大型生物從6600萬年前一直活到現在的話，應該早就被發現了。但這種想像並沒有消失，世界上還是有許多人相信目前仍然有大型生物活著。

最具代表性的例子，大概就是尼斯湖水怪了。尼斯湖水怪是在英國蘇格蘭的尼斯湖曾多次被目擊到的未確認動物，根據目擊者宣稱的大小及外型，很容易讓人聯想到是恐龍時代的蛇頸龍。尤其1934年刊載於報紙上的照片更是舉世聞名，照片的剪影成了尼斯湖水怪的象徵。這張照片後來被發現是惡作劇，其實是將尼斯湖水怪頭部的模型裝在玩具潛水艇上拍攝而成，但人們對於尼斯湖水怪的好奇心卻沒有減退。

到了2018年，紐西蘭奧塔哥大學等單位組成的研究團隊採集了尼斯湖的湖水，試圖從湖水中的DNA推測湖中的生物。湖水中有從生物身體剝落的細胞、排泄物、黏液等，包含了各種生物的DNA。換句話說，**並不是從「有哪些生物」，而是從「有哪些生物的DNA」的觀點進行調查**。研究團隊後來在2019年發表了分析結果，湖水中檢測出約3000種生物的DNA，但並沒有發現會讓人聯想到蛇頸龍等巨大生物的DNA，反而發現了許多鰻魚的DNA，有些鰻魚長度甚至接近2公尺。研究團隊的結論是，尼斯湖水怪的真面目有可能是巨大鰻魚留在水面的影子，或鰻魚跳出水面時的身影。

真相大搜密

全面分析湖水中所含的DNA，可以知道湖中有哪些生物。
尼斯湖並未發現巨大生物的DNA。

\ 實用小MEMO /

除了水以外，也可以全面分析土壤中所含的DNA，藉此推測棲息在土壤中的生物，此時所分析的DNA叫作「環境DNA」。自從2008年環境DNA的分析方法發表以來，生態學及微生物學等領域便紛紛採用。

人類是否有一天終將滅亡？

雖然人類在地球上的發展欣欣向榮，
但地球環境隨時在改變。
人類是否有辦法一直生存下去呢？

人類同樣無法偏離生命演化的道路

現今人類在生物學分類上的正式學名是智人（Homo sapiens）。智人約20萬年前誕生於非洲，後來散布至全世界，一直到現在。地球上最初的生命是在超過38億年前誕生的，因此智人的歷史在地球全體生命的歷史中只不過是萬分之一。

但地球環境就在這短暫的期間出現了重大變化。尤其地球整體的溫度上升，是工業革命後的這100年發生的事。地球暖化這個詞所代表的不單只是變熱，大雨或颱風會更容易發生，強風或乾燥所導致的山林火災也變得更多。因此，近來我們時常看到「氣候變遷」這個詞。2021年發表的《政府間氣候變化專門委員會（IPCC）第六次評估報告》甚至直言，地球暖化「無庸置疑」是人類所引起，人類的活動改變了地球環境。而且，氣候變遷導致的自然災害也有增加的趨勢。

那人類是否有可能因為無法適應氣候變遷而滅亡？

直接說結論的話，答案是人類總有一天會滅亡，但滅亡與氣候變遷之類的原因無關，而是必然到來的宿命。原因在於，地球上的生命不斷在演化。

回顧歷史就會知道，永遠都會有新的生物誕生。這時候，雖然只是些微之差，但DNA會出現變化，於是便有機會誕生出具有新機能的基因。新的基因經過一代又一代擴散開之後，新的物種便會誕生。即使是人類，也無法自外於這個原理。假設我們的子孫還能延續數十萬年的話，相信樣貌應該也會和現在的人類不同。

人類的演化

生物在繁衍後代時基因組都會發生變化，這形成了演化的原動力。
就像現在已經沒有過去的人類（早期智人）存活下來一樣，
現在的人類也不可能永遠延續下去。

\ 實用小MEMO /

假設有人工冬眠之類的技術能讓你進入睡眠狀態，100萬年之後才醒來。你會發現，身邊的生物雖然長得像人類，但不僅語言不通，基因的差異甚至可能大到你無法與未來人生下後代。或許到那個時候，現在的人類已經滅絕了，主宰地球的是有別於智人的〇〇人。

COLUMN 5

如果沒有了蜂后，蜂巢就會毀滅！

只要蜂后死亡，蜜蜂的巢就會毀滅殆盡。
原因在於，只有每個巢絕無僅有的蜂后能夠生下後代。
蜂巢裡面除了蜂后還有許多工蜂，
以及只為了交配存在的雄蜂。

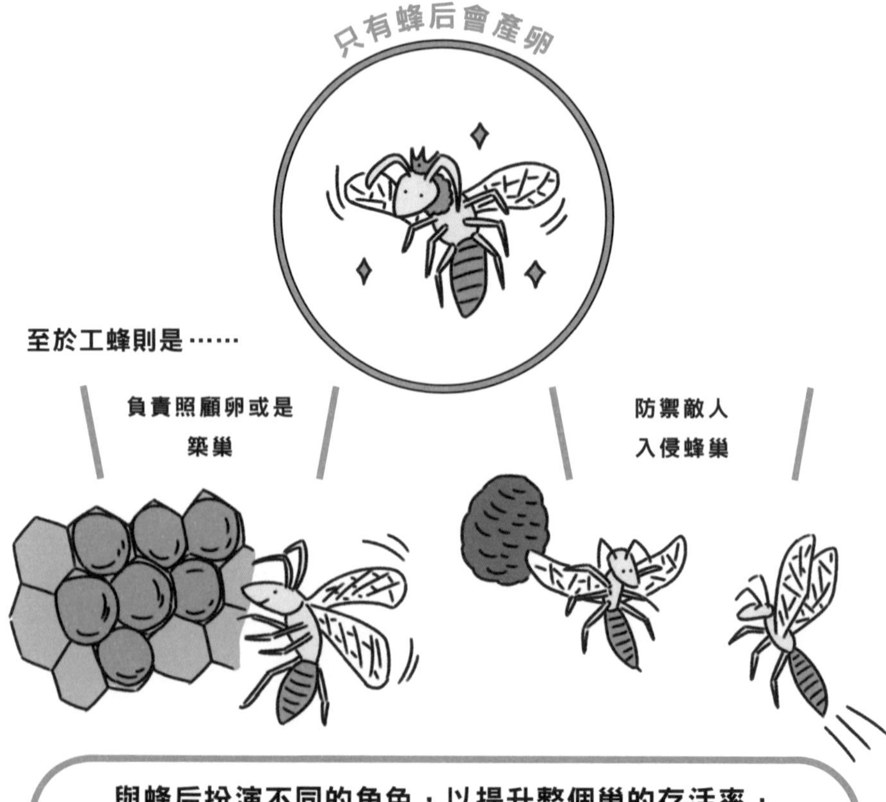

與蜂后扮演不同的角色，以提升整個巢的存活率，
對於留下更多自己的同類（基因）做出貢獻。

補充說明……

若以同樣的思維來看，人類除了養育後代外，也將精力投入於各個不同的領域，因而讓社會發展得更完善，等於是對提升人類全體，也就是「人類基因」的存活率做出了貢獻。

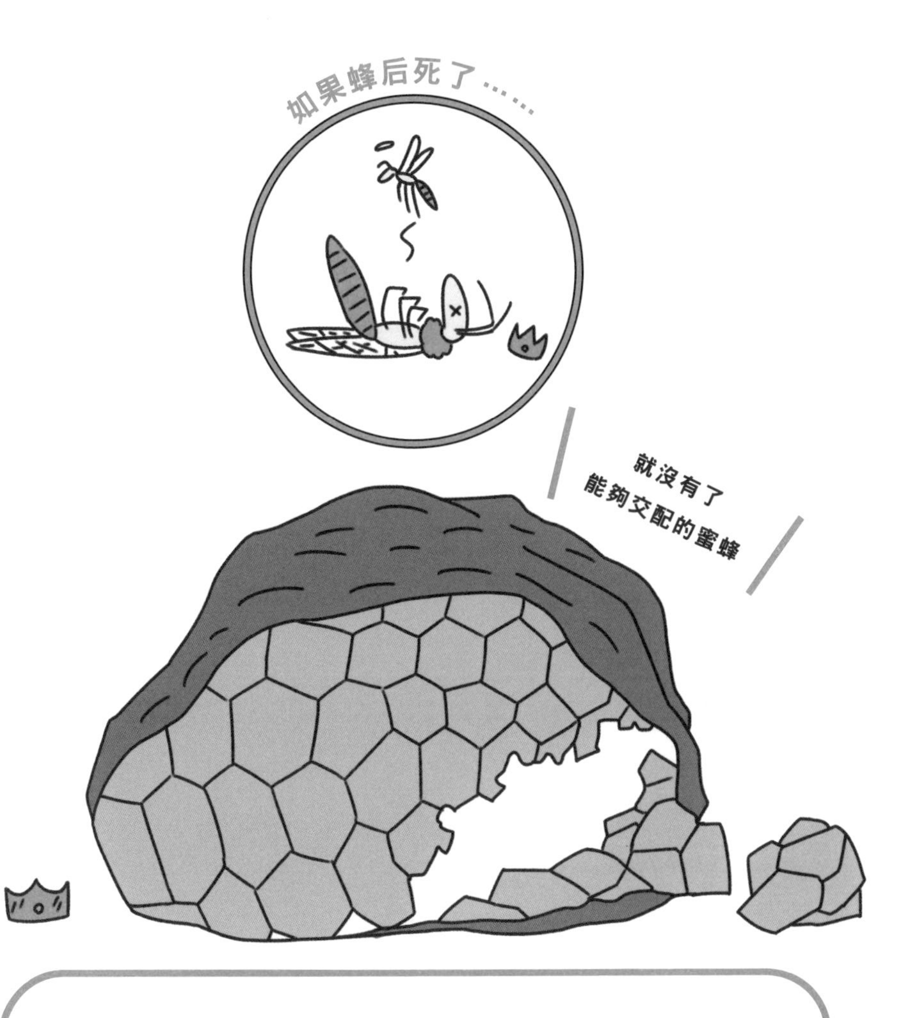

由於無法繁衍後代，蜂巢便會毀滅。

参考文獻

- 『「心は遺伝する」とどうして言えるのか? ふたご研究のロジックとその先へ』安藤寿康・著 創元社
- 『ゾウの時間 ネズミの時間—サイズの生物学』本川達雄・著 中央公論新社
- 『DNA鑑定 犯罪捜査から新種発見、日本人の起源まで』梅津和夫・著 講談社
- 『遺伝子がわかれば人生が変わる。』四元淳子・著 ポプラ社
- 『生物進化を考える』木村資生・著 岩波書店
- 『クマムシ博士の クマムシへんてこ最強伝説』堀川大樹・著 日経ナショナルジオグラフィック社
- 『新インスリン物語』丸山工作・著 東京化学同人
- 『利己的な遺伝子』リチャード・ドーキンス・著 紀伊國屋書店

参考網站

- 産業技術総合研究所
  2007年1月9日プレスリリース／イネの遺伝子数は約32,000と推定
  そのうち、29,550の遺伝子の位置を決定し、情報を公開
- 理化学研究所
  2020年7月28日プレスリリース／
  長鎖ノンコーディングRNAのさまざまな機能-理研を中心とする国際研究コンソーシアム「FANTOM6」-
- JPHC omics
  よくあるご質問集Q&A
- Harvard Molecular Technologies
  Multigenic traits can have single gene variants (often rare in populations) with large impacts.
- 厚生労働省
  知ることからはじめよう みんなのメンタルヘルス／こころの病気を知る
  令和(元年2019)人口動態統計(確定数)の状況
  令和2年簡易生命表の概況
  新型コロナワクチンQ&A
- e-ヘルスネット
  活性酸素と酸化ストレス
  生活習慣病
- World Health Organization
  THE GLOBAL HEALTH OBSERVATORY/Global Health Estimates:
  Life expectancy and leading causes of death and disability
  20 years of global progress & challenges
- 難病情報センター
  ハンチントン病
  クラインフェルター症候群(KS)(平成21年度)
- がん情報サービス
  がんの発生要因と予防
  遺伝性腫瘍・家族性腫瘍
- The New York Times
  My Medical Choice
- 日本赤十字社
  兵庫県赤十字血液センター／血液型について
- 公益社団法人日本産婦人科学会
  「母体血を用いた出生前遺伝学的検査(NIPT)」指針改訂についての経緯・現状について
- 京都大学iPS細胞研究所
  iPS細胞とは
- 農林水産省
  ジャガイモは何種類あるかおしえてください。
  遺伝子組換え農作物をめぐる国内外の状況
- 公益社団法人日本獣医学会
  三毛猫の雄について
- The Guardian
  Loch Ness monster could be a giant eel, say scientists
- 国土交通省気象庁
  IPCC第6次評価報告書(AR6)

論文、研究、報告

- PNAS August 23, 2011 108 (34) 13995-13998;
- bioRxiv https://doi.org/10.1101/2021.05.26.445798 (2021).
- Nature. 1997 Feb 27;385(6619):810-3.
- Ann Hum Biol. 2013 Nov-Dec;40(6):471
- PLoS One. 2014 Apr 1;9(4):e93771.

- J Affect Disord. 2006 Nov;96(1-2):75-81.
- Proc Biol Sci. 1995 Jun 22;260(1359):245-9.
- Nat Genet. 2002 Feb;30(2):175-9.
- Nat Genet. 2002 Feb;30(2):175-9.
- Nat Genet. 2017 Jan;49(1):152-156.
- Sci Rep. 2021 Feb 3;11(1):2965.
- J Epidemiol Community Health. 2017 Nov;71(11):1094-1100.
- Science. 2019 Aug 30;365(6456):eaat7693.
- Curr Psychiatry Rep. 2017; 19(8): 43.
- Science. 1996 Nov 29;274(5292):1527-31.
- Proc. R. Soc. B (2010) 277, 529–537
- Nature. 1991 May 9;351(6322):117-21.
- PLoS Genet. 2014 Mar 20;10(3):e1004224.
- Am J Hum Genet. 2012 Mar 9;90(3):478-85.
- Nature. 2003 Jul 24;424(6947):443-7.
- Nature. 2016 Jun 23;534(7608):566-9.
- IUBMB Life. 2015 Aug;67(8):589-600.
- Cell. 1991 Apr 5;65(1):175-87.
- Genome Res. 2014 Sep;24(9):1485-96.
- Br J Anaesth. 2019 Aug;123(2):e249-e253.
- Int J Sports Med. 2014 Feb;35(2):172-7.
- Med Sci Sports Exerc. 2013 May;45(5):892-900.
- Proc Natl Acad Sci USA. 1971 Sep;68(9):2112-6.
- Science. 2005 Apr 15;308(5720):414-5.
- Cell. 1999 Aug 20;98(4):437-51.
- Nat Commun. 2021 Feb 10;12(1):900.
- Nature. 2012 Sep 13;489(7415):220-30.
- Science. 2013 Sep 6;341(6150):1241214.
- Shinrigaku Kenkyu. 2014 Jun;85(2):148-56.
- J Cutan Med Surg. 1998 Jul;3(1):9-15.
- Clin Exp Dermatol. 2012 Mar;37(2):104-11.
- Nature. 2012 Aug 23;488(7412):471-5.
- Genes Brain Behav. 2010 Mar 1;9(2):234-47.
- Proc Natl Acad Sci USA. 2020 Apr 14;117(15):8546-8553.
- PLoS One. 2009;4(4):e5174.
- J Vet Med Sci. 2013;75(6):795-8.
- Science. 1996 Sep 27;273(5283):1856-62.
- J Gen Virol. 2015 Aug;96(8):2074-2078.
- Cell. 2020 Dec 10;183(6):1650-1664.e15.
- J Stud Alcohol. 1989 Jan;50(1):38-48.
- Transl Psychiatry. 2018 May 23;8(1):101. doi: 10.1038/s41398-018-0146-2.
- Expert Opin Drug Metab Toxicol. 2018 Apr;14(4):447-460.
- N Engl J Med. 2009 Feb 19;360(8):753-64.
- Nat Genet. 2008 Sep;40(9):1092-7.
- Diabetologia. 1999 Feb;42(2):139-45.
- Nat Rev Neurol. 2014 Apr;10(4):204-16.
- Nature. 2012 Aug 23;488(7412):471-5.
- N Engl J Med. 2021 Jan 21;384(3):252-260.
- Science. 2015 Jan 2;347(6217):78-81.
- N Engl J Med 2017; 376:1038-1046
- Cell. 2010 Sep 3;142(5):787-99.
- Annu Rev Genomics Hum Genet. 2005;6:217-35.
- Lancet Public Health. 2018 Sep;3(9):e419-e428.
- Nat Genet. 2002 Feb;30(2):233-7.
- Sci Adv. 2019 Jul 10;5(7):eaaw7006.
- Breed Sci. 2014 May;64(1):23-37.
- Nat Commun. 2016 Sep 20;7:12808.
- Nature. 2021 Aug;596(7873):583-589.
- Science. 2010 Jul 2;329(5987):52-6.
- Science. 2016 Mar 25;351(6280):aad6253.
- 杏林医学会雑誌／市民公開講演会「女性の医学」／高齢妊娠に伴う諸問題 古川誠志・著
- 国立成育医療研究センター2020年5月18日プレスリリース／先天性尿素サイクル異常症でヒトES細胞を用いた治験を実施〜ヒトES細胞由来の肝細胞のヒトへの移植は、世界初!〜
- 日本食品保蔵科学会誌 Vol.31 No.4 2005「バレイショの加工特性と品種および比重との関係」
- 植物の生長調節 Vol. 54, No. 1, 2019「スギ花粉米の最近の研究開発状況」

作者簡介

島田祥輔

科普作家。1982年生，名古屋大學研究所理學研究科生命理學專攻修畢。對基因深感興趣，關注基因研究會如何改變醫療及生活。

著有《おもしろ遺伝子の氏名と使命》（Ohm社）、《遺伝子「超」入門》（Panda Publishing），曾參與《池上彰が聞いてわかった生命のしくみ 東工大で生命科学を学ぶ》（朝日新聞出版）、《ビジネスと人生の「見え方」が一変する 生命科学的思考法》（高橋祥子著，NewsPicks Publishing）之編輯。

website: https://www.shimasho.work
Twitter: @shimasho

Staff

裝幀・本文設計／木村由香利（986DESIGN）
插畫／フジノマ（asterisk-agency）
編輯／有限会社ヴュー企画（野秋真紀子・岡田直子）
企劃・編輯／端 香里（朝日新聞出版 生活・文化編集部）

圖解不可思議的

基因機密檔案

出　　版／楓葉社文化事業有限公司
地　　址／新北市板橋區信義路163巷3號10樓
郵政劃撥／19907596 楓書坊文化出版社
網　　址／www.maplebook.com.tw
電　　話／02-2957-6096
傳　　真／02-2957-6435
作　　者／島田祥輔
翻　　譯／甘為治
責任編輯／王綺
內文排版／洪浩剛
校　　對／邱怡嘉
港澳經銷／泛華發行代理有限公司
定　　價／380元
出版日期／2022年11月

國家圖書館出版品預行編目資料

圖解不可思議的基因機密檔案 / 島田祥輔作；甘為治譯. -- 初版. -- 新北市：楓葉社文化事業有限公司, 2022.11　面；公分

ISBN 978-986-370-477-5（平裝）

1. 基因　2. 遺傳學

363.81　　111014407